燃料デブリ化学の現在地

佐藤修彰・桐島　陽・佐々木隆之・高野公秀
熊谷友多・佐藤宗一・田中康介　著

東北大学出版会

Current Location of Fuel Debris Chemistry

Nobuaki Sato, Akira Kirishima, Takayuki Sasaki,
Masahide Takano, Yuta Kumagai, Soichi Sato,
Kosuke Tanaka

Tohoku University Press, Sendai
ISBN978-4-86163-390-4

序　文

　2011 年 3 月に発生した東日本大震災より 12 年が経過した。東京電力福島第一原子力発電所（1F）では冷温停止したものの，1 号機から 4 号機において全電源喪失（SBO）により冷却機能が損なわれ，炉心溶融となる過酷事故となった。サイト外では，仮置き場にある除染廃棄物の中間貯蔵が完了しつつあり，これからはサイト内での廃炉作業が主体となってきている。そのサイト内では，JAEA の大熊分析・研究センター第 1 棟が竣工し，がれきの処理に対応するように分析体制が整備されつつある。さらに，燃料デブリの取り出しが行われようとしており，燃料デブリに対応した第 2 棟の建設とともに，予備段階での試料分析もはじまりつつある。実際，国や IRID などでは，燃料デブリの試験的取り出しやその後の進め方について進展状況を反映させながら中長期計画を毎年策定しているものの，実際的な廃炉への対応にはまだ，数十年かかるとみられている。そのため，次世代への廃炉やデブリに関わる科学技術の継承，すなわち人材育成が重要かつ不可欠といえる。筆者らは，人材育成の一環として，放射線や廃炉に関する様々な国内外の講演，研究会を実施してきた。

　また筆者らは，震災以降，被災地からの発信として，オフサイトやオンサイトに関する活動を行ってきた。オフサイト関係では，現地での試料採取による汚染評価，水耕栽培試験による除染効果の評価などを行ってきた。オンサイト関係では，汚染水処理に係るゼオライトによる放射性物質除去実験を行うとともに，調製した模擬燃料デブリを用いて高温反応挙動や放射性核種の溶出挙動を明らかにしてきた。今後，デブリ取り出しが予定されているが，デブリの評価，処理・処分には数十年を要することから，1F 廃炉対応の人材育成には研究教育の継続が必須である。しかし，大学や研究所等の実験環境は厳しく，核燃料関係の研究室や教職員の激減もあり，今後も含めて対応できなくなりつつある。

　こうした人材育成に欠かせない知識基盤となる，核燃料の化学に関連する書籍の発刊はおよそ半世紀前にもなる。そこで筆者らは東北大学出版会

から，「ウランの化学（I）−基礎と応用−」(2020.6)，「ウランの化学（II）−方法と実践−」(2021.3)，「トリウム，プルトニウムおよび MA の化学」(2022.3) を発行してきた。これら核燃料の化学全般を網羅する基礎的内容の教科書に加えて，１Ｆの燃料デブリや廃炉全体を対象とする化学に特化した書籍は有用と考え，「燃料デブリ化学の現在地」の執筆を企画することとなった。１Ｆの燃料デブリに関しては，まだまだ十分なことが分かっておらず，詳細についての記述は難しい。しかしながら，事故後 12 年を経過し，１Ｆの状況について分かってきたこともあり，また，過去の過酷事故の例を合わせて現状を整理してみることは，これからの展開に必要不可欠である。そこで，燃料デブリ化学研究に関して，実際に携わっている専門の研究者に固体化学や溶液化学，分析化学，さらには放射化学，放射線化学の観点から現時点での状況，すなわち「現在地」についてまとめた。本書により実デブリの分析や取り出し作業，その後の処理・処分においてお役に立てれば幸いである。最後に，本書の出版にあたりご協力いただいた，東北大学原子炉廃止措置基盤研究センター　渡邉豊先生，堂崎浩二先生，津田智佳氏，稲井陽子氏，東北大学出版会　小林直之氏に謝意を表する。

令和 5 年 6 月

佐藤修彰，桐島　陽，佐々木隆之，

高野公秀，佐藤宗一，熊谷友多，田中康介

目　次

目 次

執筆分担リスト

第1章	佐藤　修彰
第2章	佐藤　修彰
第3章	高野　公秀
第4章	桐島　　陽，佐々木隆之
第5章	桐島　　陽，佐藤　宗一，田中　康介
第6章	熊谷　友多
第7章	佐藤　修彰
第8章	佐藤　修彰
第9章	佐藤　修彰，佐藤　宗一

第1章 原子炉過酷事故と燃料デブリ

1.1 福島第一原子力発電所概要

ここでは，福島第一原子力発電所（以下1F）の概要を述べる。同発電所は福島県は双葉郡大熊町と双葉町の海岸に位置する。発電所は沸騰水型軽水炉（BWR）6基（1F1-6）から構成され，1F1-4は南側に，1F5-6は沢を挟んで北側に位置する。各炉では炉室と発電用タービン建屋があり，2つの炉系統を一つの中央総合指令室で管理・運転している。図1.1に構内配置図を示す。

事故を起こした原子炉は1Fの1～4号機のBWR4基である。図1.2には1F構内の概略図を，表1.1には1F1-4号機の概要を示す [1]。1号機は電気出力46万kWであるが，2-4号機は78.4万kWであり，いずれも1960～70年代に着工，運転開始した。BWRの場合，圧力容器（RPV：Reactor Pressure Vessel）はステンレス鋼で内張された低合金鋼製の上蓋，フランジ，胴，下鏡各部分の溶接構造をとる。RPV容器は，直径5m，高さ20m程度の円筒型で，内部に燃料棒や制御棒などがあり，炉心を構成する。このRPVは炭素鋼製のマークI型格納容器（PCV：Primary Containment Vessel）に格納されている。このPCVはフラスコ形状を有し，フラスコ上部の円筒部の直径は約10m，球部の直径は約20mであり，球部

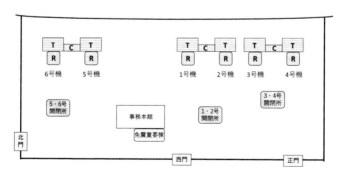

図1.1 福島第一原子力発電所構内概略図 [1]

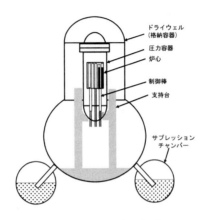

図1.2　1F原子炉の概略図

表1.1　1F 1-4号機の概要 [2]

号　　機		1	2	3	4
建 設 着 工		1967.9	1969.5	1970.1	1972.9
営業運転開始		1971.3	1974.4	1976.3	1978.1
電気出力（万 kW）		46	78.4		
圧力容器	形　　式	BWR-3	BWR-4		
	内　径（m）	4.8	5.6		
	全　高（m）	20	22		
	全　重（t）	440	500		
	設計温度 / 圧力	302℃ /8.62 MPa			
格納容器	形　　式	マーク I 型（フラスコ型）			
	全　高（m）	32	33		34
	内筒部直径（m）	10	11		
	球部直径（m）	18	20		
	S 最高使用温度 / 圧力	138℃ /427 kPa			
	SC* 水　量（m³）	1750	2980		
燃料集合体	本　　数（本）	400	548		
	全　長（m）	4.35	4.47		
	U　量（t）	69	94		
制御棒本数（本）		97	137		

※サブレッションチェンバー

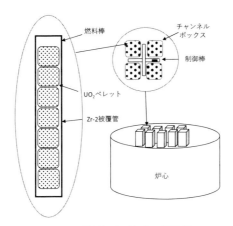

図 1.3　燃料および炉心の概略図

下の外周部に蒸気を回収するサプレッションチャンバー（SC）がある。

　次に燃料および炉心の概略図を図 1.3 に示す。円柱状の UO_2 ペレット（$10\,mm\Phi \times 10\,mm$）を長さ約 4 m のジルカロイ（Zry-2）被覆管に封入した燃料棒の集合体が 1 号機で 400 本，2-3 号機で 548 体あり，それぞれの U 量は 69t，94t である。4 体の燃料集合体の中心部に十字形の制御棒が配置され，その中には B_4C 粒子が詰められている。制御棒の本数は燃料集合体の約 1/4 となり，1 号機で 97 本，2-3 号機で 137 本である。

　次に炉心の状況について述べる。表 1.2 には 1 F 2 号機の炉心構成物質量を示す。炉心部を燃料，被覆材，キャニスター，支持構造材，非支持構造材に分類し，炉心部においては燃料は約 100 トン，ジルカロイ被覆材が約 25 トン，SUS 材が 25 トン，制御材（B_4C）が約 1 トン存在していることがわかる。

　表 1.3 には炉心構成物質の性質を示す。セラミックである UO_2 や B_4C は高融点であるのに対し，Zr や Fe の融点はこれらより低く，事故時には先に金属部分が溶融し，Fe-Zr 合金相を形成する。特に，B_4C および SUS が 1000℃以下で反応し，最初に制御棒が溶融したとされている。その場合，

表 1.2　2 号機炉心構成物質量（t）[1]

構造物・物質		UO₂	Zr	SUS	B₄C	計
燃　料		106.6				106.6
被覆材	（炉　心）		24.046	0.178		24.224
	（炉心上）		3.362	2.128		5.49
キャニスター	（炉　心）		17.714			17.714
	（炉心上）		2.779			2.779
支持構造材	（炉　心）		0.509	12.553		13.062
非支持構造材	（炉　心）			9.903	0.959	10.862
	（炉心上）			0.48		480
計		106.6	48.41	25.242	0.959	181.211

表 1.3　炉心構成物質の性質

物質	UO₂	Zr	Fe	B₄C
融　点　（℃）	2850	1855	1538	2763
沸　点　（℃）	2850	4409	2862	3500
密　度（g/cm³）	10.97	6.52	7.87	2.52

Fe-Zr-B-C を含む融体が生成し，ここに燃料である UO_2 ペレットと被覆管の酸化による ZrO_2 および反応生成物が混在する。UO_2 の密度は $11\,g/cm^3$ に近く，金属融体より重いが，UO_2-ZrO_2 混合物（固溶体）となると，金属融体と同等となり，融体の流れとともに移動，落下したものと考えられる。

1.2　原子炉過酷事故概要 [2-5]

　原子炉過酷事故とは，炉心溶融など炉心が重大な損傷を受けるような事象を指す。過去には，商業炉の過酷事故として，1979 年の米国のスリーマイル発電所 2 号機（TMI-2），1986 年のウクライナのチェルノブイリ発電所 4 号機（CHNPP）の例がある。表 1.4 にはこれらの過酷事故について炉型や事故の概要を 1F（1FNPS）と比較して示す。炉型については TMI-II は加圧水型軽水炉（PWR），CHNPP は黒鉛減速を採用してい

表1.4　事故炉の炉型と炉内状況の比較

発電所	炉型	燃料	被覆管	減速材	炉内状況	雰囲気	酸化物相	金属相
TMI-2	PWR	UO_2	Zr-4	軽水	炉心溶融	高温還元	溶融徐冷	Fe-Zr Fe-U
CHNPP	RMBK	UO_2	Zr-1% Nb	黒鉛	炉心溶融 水蒸気爆発	高温酸化	溶融急冷 風化	無
1 FNPS	BWR	UO_2	Zr-4	軽水	炉心溶融 水素爆発	中間	混合酸化物, 徐冷	Fe-Zr

る RMBK 炉である。事故の状況について，TMI-2 では冷却材喪失，炉心損傷事故となり INES はレベル 5 であるが，CHNPP や 1FNPS ではそれぞれ反応度事故，炉心溶融事故で，レベル 7 となる。いずれの原子炉も UO_2 燃料とジルコニウム合金製被覆管を使用している。TMI-2 では，運転中の冷却材喪失により UO_2 の融点以上に高まったものの，圧力容器内部での炉心溶融に留まった。その結果，還元雰囲気を保ちつつ，Fe-Zr 合金デブリや UO_2 含有酸化物デブリが生成し，炉内で徐冷・固化した。また，金属ジルコニウムによる UO_2 の還元反応が進行し，金属ウランが生成し，Fe-Zr-U 合金を生成した。一方，CHNPP 事故の場合には，まず，炉内温度が 2400 – 2600℃以上となり，炉心溶融が起こり，デブリ（Corium）が発生した。その後，1500 – 1600℃で水蒸気爆発により燃料片や固化した Corium，コンクリート成分が溶け合い，溶融ケイ酸塩が固化した高放射性 MCCI デブリ（Lava）を生成した。この炉では減速材に黒鉛を使用しており，このため爆発後に空気と反応して超高温状態になり，金属構造材もすべて酸化された。その結果，炉心には金属成分はなく，すべて酸化物デブリであり，それらが揮発・拡散して広範囲に汚染した。CHNPP では炉心にコンクリートを投入して，石棺とし，放射性物質を閉じ込めた。その後，コンクリートの風化が進み，内部より放射性物質の漏洩するようになったため，数年前に鉄鋼製シェルターで覆い，外部への飛散を抑制している状態である。CHNPP のデブリは Blast Furnace Slag（高炉スラグ）と呼ばれ，高炉製鉄において，溶融金属鉄上部のケイ酸塩主

体の溶融酸化物に相当する。

　次に 1F の事故時の状況について概要を述べる。詳細は第 3 章を参照されたい。TMI-2 や CHNPP の場合とは異なり，1F の場合には，冷温停止後の冷却材喪失によるもので，主に，崩壊熱やジルコニウム合金の酸化発熱により炉心温度が 2200℃程度まで高まった。その結果，UO_2 燃料（融点 2850℃）の溶融までには至らず，炉心内部には UO_2 燃料や被覆管が酸化された酸化ジルコニウム（ZrO_2）を主体とする酸化物デブリと，構造材であるステンレス鋼（SUS）や被覆管，制御材（B_4C）が溶融して，Fe-Zr 合金デブリが存在していると考えられる。表1.1に示した炉心構成をもつ 2 号機の場合，炉心物質総量の 50％が RPV 下部に移行したと仮定し，また，下部のデブリは，酸化物デブリおよび金属デブリから構成されると考えられる。RPV 構造材および金属デブリ（Zr : SUS ＝ 1 : 1）の密度は，それぞれ 7.80，7.15 g/cm^3 であり，UO_2 の密度は 10.97 はこれらより高い。このため，通常酸化物スラグは溶融金属の上にあるが，デブリ中では UO_2 ペレットが溶融金属中に沈んだ状態が考えられる。RPV 下部プレナムへのデブリの移行量は 90 t，体積で 10 - 11 m^3 となり，半球形の下部プレナム内で形成される溶融プールは深さ，1.2 m 程度となる。一方，圧力容器下部には直径30cmの制御棒導入管が 10 数本溶接されており，燃料デブリの落下により，溶接部が溶融すると導入管そのものが落下し，複数の穴が開いた状態が考えられ，溶融金属の落下とともに燃料ペレットも落下したことになる。さらに落下の際，UO_2 ペレットを含む酸化物デブリは比重が溶融金属と同程度であり，溶融金属とともに圧力容器からドライウェル下部へ落下し，炉心下部へ落下した場合と同様に，コンクリートと反応（Molten Core Concrete Interaction）して MCCI デブリを生成したと考えられる。燃料中の一部の揮発性成分は初期に放出されたものの，大部分は種々の燃料デブリとして炉内に留まっていると考えられる。ただ，冷却水により，放射性核種が溶出して，汚染水が発生し，吸着剤により回収しているものの，10 年以上経過しても，放射性物質の溶出がみられることから，デブリそのものの経年変化による継続的な放射性物質の溶出が想

6

定される。

　詳細な事故シナリオ［2］によると，事故進展を RPV 内事象と燃料デブリの PCV への移行に大別している。典型的な事象の場合，最初の RPV 内事象は

　　・燃料温度上昇・溶融から燃料デブリ崩落まで（初期フェーズ）
　　・燃料デブリ崩落から下部プレナムへの移行まで（トランジエント）
　　・燃料デブリの再溶融と RPV 破損（後期フェーズ）

に分けて説明している。初期では，炉心・燃料の形状は維持されているものの，制御棒崩落やジルカロイの酸化等がある。トランジエントでは炉心溶融が始まり，炉心下部が閉鎖する。後期フェーズでは燃料デブリが RPV 下部へ移行，堆積後，溶融プールの形成となる。

　また，PCV への移行では，溶融炉心とコンクリートとの反応により生成する MCCI デブリの状態に典型的な事故シナリオとは異なる事象が見られるとしている。具体的には

　　・一部グレーチングの溶落
　　・ペデスタル低部での燃料ペレット，集合体等堆積物の形状

などから高温溶融状態からの溶落ではなく，2000 〜 2300℃の高粘性デブリが下部ヘッドを大規模に破損し，数時間かけてペデスタルに崩落・堆積し，炉内全体では溶融金属が生成する程度の低温（1300℃）における事象と見られると指摘している。

　この他，サイト内の状況としては，震災直後には冷却機能が働き，冷温停止となったが，その後の総電源喪失（ブラックアウト）により炉心溶融を引き起こした。炉心冷却のため，消防車やポンプによる外部注水がおこなわれた。初期には真水であったが，真水が不足すると，海水に切り替わった。海水濃縮により，高濃度の塩が生成した。その後，再び真水が注

水され，現在に至っている。当然，冷却水中には，炉心から燃料および
FP や MA などの放射性核種が種々の状態で含まれる汚染水として移動し
た。この炉内からの汚染水はタービン建屋に集まり，さらに冷却水を放射
性核種除去装置に通じて炉内へ循環した。汚染水中には放射性 Cs や Sr の
他が多くの放射性核種が存在している。初期には，凝集沈殿剤による放射
性核種の除去を試みたが，殆どの核種が沈殿して放射能量が高まりすぎ
たため，ゼオライトによる吸着に切り替えた。事故進展に関しては，3.1
節に詳述している。

［参考文献］
［1］東京電力ホールディングス HP
　　　https://www.tepco.co.jp/nu/fukushima-np/review/images/review1_01.gif
［2］倉田正輝，「1F 事故シナリオと燃料デブリ特性の推定と分析」，原子力学会誌，65，
　　　（2023），13-18
［3］M. Kurata, M. Osaka, D. Jacquemain, M. Barrachin, T. Haste, "Advances in fuel chemistry
　　　during a severe accident", in "Advances in fuel chemistry", ed., M. H. A. Piro, pp555-625
　　　（2020）
［4］吉川信治，山路哲史，「RPV 下部構造破損・炉内物質流出挙動の MPS 法による予
　　　測」，JAEA-Research-2021-006，（2021）
［5］日本原子力学会水化学部会「核分裂生成物挙動」研究専門委員会準備会，「Phebus
　　　FP プロジェクトにおける核分裂生成物挙動のまとめ」，日本原子力学会水化学部会
　　　報告書 #2017-0001，（2017）

第 2 章　燃料デブリの基礎

2.1　分類

　デブリ（debris）とはゴミや残骸を意味する英単語で，例えば，"space debris"（宇宙ゴミ）のような例がある。燃料デブリは「核燃料のゴミ」として，燃料としての再利用ではなく，放射性廃棄物として処理・処分されることになるものと考えられる。炉内で発生したものすべてを燃料デブリと考えると，ゴミの観点からは廃棄物，すなわち核燃料を含む廃棄物になると思われる。燃料デブリについては現時点では，法規制も含めて正確な定義はなく，担当者間や研究者間で解釈が異なっている事もある。例えば，破損した燃料棒はデブリではなく，また，燃料成分が付着していない金属構造材はデブリに該当しないとも言える。

　日本原子力学会・核燃料部会の燃料デブリに関するステートメント [1] では，炉心が溶融した状態では，「炉心溶融物質」，「コリウム（Corium）」とし，「この炉心溶融物質が塊状や粒状に固化したものや溶融しなかった燃料棒の破片などを「燃料デブリ」呼ぶ。」とし，「国内では 1F 事故以降，炉心が溶融してできる様々な物質は全て「燃料デブリ」と総称されるようになった。」としている。

　さらに「「燃料デブリ」には，「燃料デブリ」からの分離が困難な構造材やコンクリートの一部，さらには溶融状態には至らなかった燃料棒の一部も含まれる。」としており，炉心以外で発生したものについても含みをもたせている。

　1F の燃料デブリについては本格的な取り出しに先立って分析用試料を取り出し，JAEA 等へ搬出して分析する予定である。第 8 章で述べるように，デブリ分析に関わる JAEA の変更申請においては，デブリを「溶融した燃料成分が構造材を巻き込みながら固化した物，切り株状燃料及び損傷燃料」と定義している [2]。申請書の中で，溶融燃料，切り株状燃料および損傷燃料については，「核燃料物質，核原料物質および放射線の定義に関する政令」第 1 条の第 2，5，6，8 号に定義される核燃料物質に分

類されるとしている［8.1節表8.1参照］。政令で定義する核燃料物質を見ると第2号は劣化ウランに，第5号は濃縮ウラン，第6号はプルトニウムに対応し，第8号はこれらの混合物質であることがわかる。ここでは，第1項の天然ウランは該当せず，実際，使用済み燃料から回収したウランでは，^{235}U濃度が0.72%の場合でも劣化ウランとして扱われることがある。JAEAでは「分析終了後の試料については，ウラン，プルトニウムおよび不純物に分離後，ウラン及びプルトニウムは脱硝・転換後，固体にし，再処理施設内の貯蔵庫に保管あるいは核サ研あるいは大洗研究所の他施設へ搬出し，燃料等として再利用する。」としている。ここでいう「1F燃料デブリの試料及び残材」とは，1Fから搬入した燃料デブリそのものと粉砕など物理的加工後分析に供しなかった物とし，1Fへ返却する。これに対する「分析に使用した1F燃料デブリ」とは硝酸溶解して化学分析後の溶液及び固体とし，これらは1Fでは使用許可がなく，返却できないので，JAEA内の該当施設にて使用または保管するとしている。上記の定義および対応は分析用燃料デブリに限るものであり，実際に炉内に残留する大量のデブリについては，処理や処分方法を含めて別途，検討する必要がある。

　一方，4号炉のように震災時には運転停止しており，使用済核燃料を建屋上部のプールに保管していたものの，落下物の衝撃により破損した燃料もある。これらはペレット，被覆管の形状が残っており，再処理工程にて処理可能な状態と考えられ，デブリには該当しない。また，事故により炉内の構造物に燃料成分が付着したものもあり，この場合には核燃料汚染物とみなし，デブリ成分を分離・除去することで低レベル放射性廃棄物とみなせる。

　図2.1には原子炉およびタービン建屋における燃料デブリや汚染水，スラッジの発生を模式的に示す。炉内にてLOCAにより圧力容器内で炉心溶融となって燃料デブリ（酸化物，溶融合金）が生成し，溶融物が圧力容器下部へ落下した。圧力容器下部では制御棒導入管等外部配管部が溶融，破損し，この部分より溶融物はさらに格納容器内下部へ落下し，コン

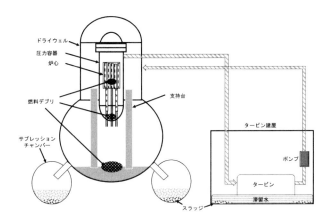

ドライウェル
圧力容器
炉心
燃料デブリ
支持台
サプレッション
チャンバー
タービン建屋
ポンプ
タービン
滞留水
スラッジ

図2.1　原子炉およびタービン建屋における燃料デブリ等の模式図

クリートと反応して MCCI デブリを生成した。

　燃料デブリの定義は以下のようなものを考えることができる。

・燃料成分と構造材等が反応してできたもので，核燃料物質の分離・回収が難しく，そのまま放射性廃棄物に相当すると判断されるもの
・燃料成分が付着した構造材等。付着成分が分離・分別されたのちは低レベル放射性汚染物
・圧力容器や格納容器，建屋等発電施設内において発生したもの

　事故炉内でのデブリの状態を模式的に図2.2に示す。ペレットや構造材が，高温反応による生成物と共存している状態である。また，デブリ表面からの剥離片や粒子は冷却水を移動・堆積する。一方，溶出したイオンは炭酸塩や過酸化塩として沈殿し，二次生成物となる。図2.1に示した汚染水中のスラッジには，この粉体デブリの堆積によるものと沈殿を含む二次生成物が混在しているものと考えられる。

　表2.1には図2.2で考えられる主な燃料デブリの種類と状態を示した。

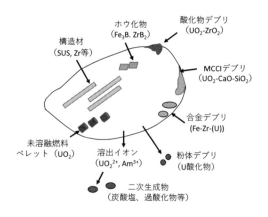

図 2.2 燃料デブリの状態の模式図

表 2-1 燃料デブリ等の分類

分類	主な化合物，形態	状態，挙動
酸化物デブリ	UO_2-ZrO_2	ペレット，塊状，ZrO_2 による安定化
金属デブリ	Fe-Zr	塊状，金属―酸化物間の元素分配
MCCI デブリ	$(U,Zr)O_2$-CaO-SiO_2	ケイ酸塩の安定性，放射性核種の溶出挙動
粉体デブリ	酸化物	粒子状，冷却水による移行と沈着・堆積
二次生成物	水酸化物，炭酸塩，過酸化物	溶出イオンの移動と沈殿

一次デブリとして，酸化物デブリ，金属―酸化物デブリ，MCCI デブリに分類される。酸化物デブリは，UO_2 燃料とジルコニウム被覆管が酸化した ZrO_2 とが反応して生成したものであり，円筒状の燃料ペレット（10mm × 10mm ϕ）を基本とする塊状がある。生成条件により酸化による粉体化など状態変化が想定されるが，ZrO_2 との反応により安定化されていると考えられる。事故時には鉄およびジルコニウムの融点以上になり，Fe-Zr 合金を生成し，さらに燃料成分が付着・反応して放射性物質を含有した可能性があり，これが合金デブリを構成していると考えられる。溶融炉心が圧力容器から落下し，ペデスタル下部のコンクリートと反応して，MCCI デブリを生成する。このデブリの状態はコンクリート成分である CaO や

SiO_2と酸化物あるいは合金デブリとの高温反応によるケイ酸塩の生成と安定性に依存すると考えられる。次に二次デブリとして粉体デブリと沈殿デブリに分類される。前者は酸化物デブリが酸化等により粗粒化，粉体化した粉体状デブリを発生し，冷却水により移動・堆積している。また，溶出したウラニルイオン（UO_2^{2+}）などが炭酸イオンなどと反応して炭酸塩としての沈殿や，放射線により発生した過酸化水素と反応して生成する過酸化ウラン（UO_4）の沈殿などの二次生成物が考えられる。さらには，溶出した鉄イオンが，水酸化物（$Fe(OH)_3$）として沈殿する際に凝集剤として働き，水相中の放射性金属イオンを共沈させている可能性もある。実際，初期の汚染水について凝集剤を用いて放射性物質を沈殿・回収したが，放射線によるガス発生が顕著になり，その後は，ゼオライト吸着剤を用いる方法により処理している。粉体デブリについては炉内あるいは格納容器，建屋内に発生した場合は燃料デブリとしての対応も可能である。しかし，一方では，タービン建屋内など原子炉建屋外にて回収される堆積物（スラッジ）には上記堆積物と二次生成物を含んでいる可能性があるものの，スラッジは放射性物質を含む廃棄物として扱われている。

2.2 酸化物デブリ

表2-2には酸化物デブリの分類を示す。ジルカロイ被覆管が水蒸気等と反応すると，ZrO_2を生成し，このZrO_2とペレットや塊状のUO_2と反応してできると考えられるのが，UO_2固溶体（$Zr_yU_{1-y}O_{2+x}$）である。そのような場合には，UO_2とZrO_2との高温における相関係が重要である。CohenらによるUO_2-ZrO_2 擬二元系状態図［3］からは，ウラン過剰側では，立方晶をとるUO_2固溶体（$Zr_yU_{1-y}O_{2+x}$）が高温まで安定であり，1,600℃以上では，全率固溶となる。一方，Zr過剰の場合，低温においては単斜晶が，高温では正方晶が現れ，中間組成領域では，両者の混合相である。ZrO_2にYなどの希土類を添加して正方晶相を安定にした部分安定化ジルコニアが製造されているように，この正方晶は，ZrO_2にUO_2が固溶した形，$U_yZr_{1-y}O_2$をとり，Uの固溶により部分安定化ジルコニアになっている。

表 2.2　酸化物デブリの分類

分類	主な化合物，形態	状態，挙動
UO_2 固溶体	$Zr_yU_{1-y}O_{2+x}$	ペレット，塊状，Zr による安定化，UO_2 相の酸化
ZrO_2 固溶体	$U_yZr_{1-y}O_2$	塊状，部分安定化 ZrO_2 相による FP，MA 固定
ウラン酸化物	U_3O_8	ウラン酸化物の安定性と放射性核種の溶出
ウラン酸塩	$FeUO_4$	塊状，粒子状，相の安定性と放射性核種の溶出

この場合，酸素数は不定比性が見られず，2となる。炉心溶融の高温状態
では，立方晶 UO_2 固溶体立方晶をとる UO_2 固溶体（$Zr_yU_{1-y}O_{2+x}$）となっ
ているが，温度降下により UO_2 固溶体（$Zr_yU_{1-y}O_{2+x}$）と正方晶 ZrO_2 固
溶体（$U_yZr_{1-y}O_2$）に相分離する。また，急冷となるような条件では，相
分離すること無く固化し，Zr 過剰の立方晶固溶体も存在する。したがっ
て，UO_2-ZrO_2 模擬燃料デブリの相関係については，UO_2-Zr との高温反
応 [4-7] を含めて反応条件とともに，降温や組成依存性に関する情報も
必要である。

　使用済燃料中の燃料成分及び FP，MA 元素の状態について，検討す
る。使用済燃料は，UO_2 固溶体相，酸化物相，金属相からなる。UO_2 格
子においてUサイト（8配位）に金属元素が置換して固溶体を生成する。
表2.3には固溶金属元素（FP および MA）の結晶半径をウランと比較して
示す [8]。まず，使用済燃料の1％は PuO_2 であり，Pu(IV) の結晶半径
は U(IV) に近く，UO_2 とは全率固溶体を生成する。固体中の原子の価数
が＋4，＋3，＋2価の順に結晶半径は大きくなり，それに伴って，固溶量
は減少する [11]。使用済燃料中に生成されるマイナーアクチノイド
（MA：Np，Am，Cm）の四価の状態では UO_2 に固溶するが，Am(III) や
Am(II) では結晶半径が大きくなり，固溶量は減少する。次に，収率の高
い FP 元素として＋3価をとる希土類元素がある。これらは結晶半径が U^{4+}
と比較的近く，30 ～ 70mol％の高い固溶度を示し，UO_2 相に固溶してい
る。遷移金属元素である Zr や Nb の場合，結晶半径は U(IV) に比べ小さ
く，固溶度は低下する。固溶限は温度や雰囲気により変化し，固溶限を超

表 2.3　金属元素の原子価と 8 配位構造をとるときの結晶半径［8］

分類	元素と原子価	結晶半径（Å）	分類	元素と原子価	結晶半径（Å）
核燃料	U（IV）	1.14	FP	Sr（II）	1.4
	U（VI）	1		Ba（II）	1.56
	Pu（IV）	1.1		Ce（III）	1.283
MA	Np（IV）	1.12		Ce（IV）	1.11
	Am（IV）	1.09		Eu（II）	1.39
	Am（III）	1.23		Eu（III）	1.206
	Am（II）	1.4		Zr（IV）	0.98
	Cm（IV）	1.09		Nb（V）	0.88

えた分は酸化物別相となる。アルカリ土類元素についても同様である。一方，金属相には白金族元素を含む Mo 合金があり，Te 等も含まれる。

2.3　金属デブリ

　金属相を構成するデブリには表 2.4 のようなものが考えられる。Fe-Zr 合金は溶融した SUS と Zr が反応して溶融合金となり，冷却により Fe2Zr など金属間化合物となったものである。二段目は制御材である B4C が制御棒材である SUS と反応したもので，実際，チャンネルボックス外部を 1,000℃以下にて溶融し，制御棒が流れ落ちる様子が再現されている［9］。最後は上記の合金デブリに以下の反応により生成した金属 U が溶融し，合金となったもので，TMI-II の事故では，U 含有 Fe-Zr 合金相が確認されている。

$$UO_2 + Zr = U + ZrO_2 \tag{2-1}$$

　デブリ生成時には共存する金属元素（Zr, Fe）による UO_2 の還元反応（2-2, 2-3）による金属 U 生成が考えられる。これらの反応の Gibbs 自由エネルギー調べてみると［10］，Zr による還元反応の ΔG 値は，1000℃以上になるとわずかに負となり，反応の進行は難しいが，（2-3）式のよう

表2.4 金属デブリの分類

分類	主な化合物, 形態	状態, 挙動
Fe-Zr 合金	Fe_2Zr	溶融 SUS と被覆管が反応して生成
SUS-B$_4$C 融体	Fe_2B, Fe_3C	制御棒の B_4C と SUS が低温で反応, 溶融
U 含有金属相	$U-(Fe, Zr)$	UO_2 の Zr 還元により生成した金属 U が Fe-Zr に溶解

に, 溶融金属と接触して U の活量が下がると, 還元反応が進行する可能性がある。一方, 次式に示す Fe による還元反応も考えられるが, 図中, (1) および (2) にみられるように Fe による UO_2 および ZrO_2 の反応のΔG値は大きな正の値をとり, 還元できないことがわかる。

$$MO_2 + 2Fe = M + 2FeO(M = U, Zr) \qquad (2\text{-}2)$$
$$UO_2 + Zr(Fe\text{-}Zr) = U(Fe\text{-}Zr) + ZrO_2 \qquad (2\text{-}3)$$

一方, 使用済核燃料中には 2.2 節 酸化物デブリのところで述べたように, UO_2 構造の U 位置に他の金属が固溶している。特に, Pu や MA は溶解度が高く, UO_2 固溶体を形成している。この固溶体と Zr が接触して (2-4) 式のような還元反応が起きる場合のGibbs自由エネルギーを図2.2にUO_2 と比較して示した。UO_2 に比べると, PuO_2 や NpO_2 の方が還元されやすいことがわかるが, 負値は大きくなく, 2000℃以上の高温では, ΔG値が増加し, 還元されにくくなる。これに対し, AmO_2 や CmO_2 の場合は全温度範囲においてΔG値が負に大きく, 還元されて金属になりやすい。しかし, AmO_2 の場合, 中間酸化物であるセスキ酸化物の影響も考慮する必要がある。

$$MO_2 + Zr = M + ZrO_2(M = U, Np, Pu, Am, Cm) \qquad (2\text{-}4)$$

そこで, AmO_2 の Zr 還元により中間酸化物を生成した場合の反応につ

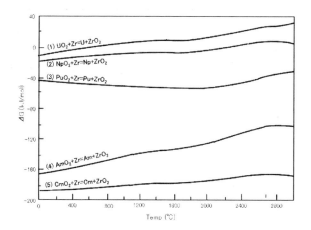

図 2.3　MO_2（M = U, Np, Pu, Am, Cm）の Zr 還元反応の Gibbs 自由エネルギー

いて検討する。すなわち

$$4\,AmO_2 + Zr = 2\,Am_2O_3 + ZrO_2 \tag{2-5}$$

$$2/3\,Am_2O_3 + Zr = 4/3\,Am + ZrO_2 \tag{2-6}$$

　図 2.4 には関係する反応の Gibbs 自由エネルギーを示す。この図をみる
と AmO_2 から金属 Am を生成する反応の ΔG は負値を示し，また，AmO_2
から Am_2O_3 を生成する反応の ΔG はより大きな負値となる。しかしなが
ら，Am_2O_3 から金属 Am 生成する反応の ΔG は大きな正値となり，進行
しない。従って，AmO_2 と Zr との反応では，Am_2O_3 を生成し，酸化物相
に留まることになる。CmO_2 も同様の挙動を取ると考えられ，また PuO_2
や NpO_2 が安定である。これらのことから，強い放射能をもつ主要な放射
性核種は酸化物相に存在し，合金相には含まれないことになる。このこと
は，合金相が燃料成分を含むデブリではなく，放射性物質による汚染物と
して扱えることを示す。

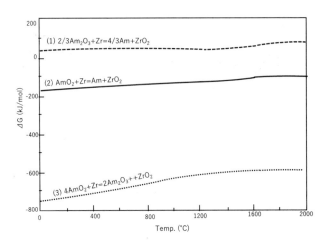

図 2.4　AmO₂ の Zr 還元に関わる反応の Gibbs 自由エネルギー

2.4　MCCI デブリ

　溶融炉心が落下してコンクリート部分との反応により生成するデブリを意味する。コンクリートはセメント，骨材，混和材料および水から構成される。セメントは水と反応して硬化する鉱物質の粉末である。ポルトランドセメントを構成する主な物質は，ケイ酸三カルシウム（エーライト，$3\,CaO \cdot SiO_2$），ケイ酸二カルシウム（ビーライト，$2\,CaO \cdot SiO_2$），カルシウムアルミネート（アルミネート，$3\,CaO \cdot Al_2O_3$），カルシウムアルミノフェライト（フェライト，$4\,CaO \cdot Al_2O_3 \cdot Fe_2O_3$），硫酸カルシウム（石膏，$CaSO_4 \cdot 2\,H_2O$）である。このうちエーライト・ビーライト・アルミネート・フェライトは「クリンカー」と称する中間製品として製造される。このクリンカーの主要化学成分は，酸化カルシウム（CaO），二酸化ケイ（SiO_2），酸化アルミニウム（Al_2O_3），酸化鉄（Ⅲ）（Fe_2O_3）である。コンクリートの強度は水とセメントの比で決まる。骨材はコンクリートの骨格となる砂利，砂，砕石，砕砂などの材料をいう。混和材料とはコンクリートの品質の改善や特殊な性質を持たせるためにコンクリートの打ち込み前

表 2.5　MCCI デブリの分類

分類	主な化合物，形態	状態，挙動
含 U ケイ酸塩	$USiO_4$	U 酸化物とケイ酸との反応
ケイ酸塩	$CaSiO_3$, $ZrSiO_3$	ZrO_2 や CaO とケイ酸との反応
ウラン酸塩	$CaUO_4$	CaO と UO_3 との反応

に混合する材料をいう。このようなコンクリートと燃料成分が高温で反応すると，表 2.5 に示すような MCCI デブリの生成が考えられる。含 U ケイ酸塩や U を含まないケイ酸塩のほか，ウラン酸塩がある。他のコンクリート成分である Al_2O_3 や Fe_2O_3 とは別相となるようである。

2.5　その他

その他の分類を表 2.6 に示す。まず，粉体デブリは燃料から直接出てくるもので，酸化物デブリが膨張凝縮等によりデブリ本体より剥離し，小片，粉体化したものである。また，U_3O_8 への酸化，UO_2 への分解・還元を繰り返すと微粉化する。このような粉体デブリは冷却材とともに移行・拡散し，澱みにて滞留・堆積し，二次デブリを構成する。

沈殿物はイオンとして溶出したデブリ成分が，液相において固体として析出あるいは凝集剤成分とともに共沈したもので，沈殿物としてはウランを含むものや鉄を含むものが考えられる。ウランの場合には，放射線作用により発生した過酸化イオンと反応してできる過酸化ウランの水和物や溶存炭酸イオンとの反応による炭酸塩などがある。特に，鉄イオンが水酸化物等で沈殿する場合には，液相中の放射性核種が凝集沈殿する。過酸化ウラニルは，放射性により発生した過酸化イオンとウラニルイオンが反応して生成するもので，デブリ表面あるいは他の材料表面にて沈殿・堆積する。酸水酸化ウラニルはさらに水和イオンが加わり，以下のような反応により沈殿・堆積したものである。

$$UO_2^{2+} + O_2^{2-} = UO_4 \tag{2-7}$$

表 2.6　その他の分類

分類	主な化合物, 形態	状態, 挙動
粉体デブリ	UO_2 固溶体 U_3O_8	UO_2 相の酸化等により生成, 冷却水により移動, 堆積したもので, 核燃料物質や MA を含む
二次生成物	UO_2CO_3 $UO_4 \cdot mH_2O$ $Fe(OH)_3$	溶液中のウラニルイオンや金属イオンが炭酸イオンや過酸化イオンと炭酸と反応, 析出したもの

表 2.7　U 含有沈殿の性質

化合物	名称	組成式	性質
過酸化ウラニル	Meta-Studtite	$UO_4 \cdot 2H_2O$	水と共存する U 廃棄物の表面に α 線ラジオリシスにより生成する O_2^{2-} と UO_2^{2+} との反応後, 水和物沈殿生成, U サイトに Pu, Np 等共沈, 層構造
	Studtite	$UO_4 \cdot 4H_2O$	
炭酸ウラニル	Uranyl Carbonate	UO_2CO_3	UO_2^{2-} と CO_3^{2-} との反応,
	錯体	$K_4[UO_2(CO_3)_3]$ $UO_2CO_3 \cdot Na_2CO_3$	$[UO_2(CO_3)_3]^{4-}$ と K との反応, 層構造
水酸化ウラニル	Uranyl Hydroxide	$UO_2(OH)_2$	UO_2^{2+} と OH^- との反応,
	錯体	$Na_2UO_2(OH)_4$	$UO_2(OH)_4^{2-}$ と Na との反応

$$UO_2^{2+} + CO_3^{2-} = UO_2CO_3 \qquad (2\text{-}8)$$

$$Fe^{3+} + 3OH^- = Fe(OH)_3 \qquad (2\text{-}9)$$

　さらに, ウランを含む沈殿としては, 表 2.7 に示すようなものがあげられる。過酸化ウラニルであるシュトゥット石やメタシュトゥット石は, 放射性廃棄物の経年変化による重要な生成物と考えられ, ラマン分光による状態評価研究がある [12]。

　次に原子炉建屋内に存在すると思われる堆積物, 沈殿物について放射能の観点から, 表 2.8 のように整理してみる。堆積デブリの場合, 酸化物粉体等の堆積によるものであって, 使用済燃料中の放射性核種が含まれる。特に, α 核種が多い MA 元素や FP 中の高放射能 β 核種が含まれる。これに対し, 沈殿物の場合には溶解とその後の沈殿プロセスを経由するた

表2.8　二次生成物中の放射性元素と核種

分類	化学式	放射性元素	放射性核種	
			α核種	$\beta(\gamma)$核種
堆積物	$(U,M)O_{2+x}$	U, MA,	^{238}Pu, ^{241}Pu	^{241}Pu, ^{239}Np
		FP	^{241}Am, ^{244}Cm	^{90}Sr, ^{137}Cs
沈殿物	$UO_4 \cdot 4H_2O$	U	^{235}U, ^{238}U	^{237}U
	$Fe(OH)_3$	MA, FP	^{238}Pu, ^{240}Pu, ^{241}Am, ^{244}Cm	^{241}Pu, ^{90}Sr, ^{137}Cs

め，元素の分離が行われる。例えば，Uと同様にニルイオンとして溶出したNpは，溶液中でも安定で過酸化ウラニルのような沈殿とはならず，溶液中に存在する。また，鉄から溶出したFe^{3+}は(2-9)式のように水酸化物を生成するが，この際，他の放射性核種（FP，MA）を取り込んで凝集・沈殿する。その結果，高放射性のスラッジとなるので，取扱には注意を要する。

2.6　放射性元素の揮発挙動

　次に揮発性核分裂生成物の挙動について述べる。使用済燃料において揮発性元素は表2.9のように分類できる。FPガスである希ガスは燃料棒からそのまま周囲と反応することなく，外部へ放出される。表2.10には希ガスおよび空気の性質を示す。FPである^3H(T)として水素も示してある。KrやXeは空気より高密度であり，水素ほど早くは拡散しない。これに対し，高揮発性FPは酸化物やヨウ化物等高揮発性化合物を生成して炉内より揮発する。揮発後に低温部にて固化（微粉化），エアロゾルとなって外部拡散していく。ヨウ素自身がI2として燃料棒から漏えいした場合，そのまま外部への拡散もありうるが，種々のヨウ化反応を経由する。図2.4には以下のヨウ素との反応例についてGibbs自由エネルギーを示す。

$$H_2O + I_2 = 2HI + 1/2O_2 \tag{2-10}$$

$$2CH_4 + I_2 = 2CH_3I + H_2 \tag{2-11}$$

表 2.9　使用済燃料中の FP および MA の揮発性

分類	元素	特徴
FP ガス	Xe, Kr	非反応性ガスとして揮発
高揮発性	Cs, Rb, Te, I	酸化物や化合物が揮発性
中揮発性	Mo, Ba, Tc	雰囲気により揮発性抑制
低揮発性	Ru, Nb, Sr, 希土類	安定な酸化物を生成
燃料等	U, Pu, Am, Cm, Np	UO_2固溶体として安定

表 2.10　希ガスおよび空気, 水素の性質

	Kr	Xe	air	H_2
m.p.　（℃）	− 156.7	− 111.9	−	− 259.1
b.p.　（℃）	− 153.2	− 108.8	−	− 252.9
d　(kg/m^3)	3.75	5.584	1.293	0.052

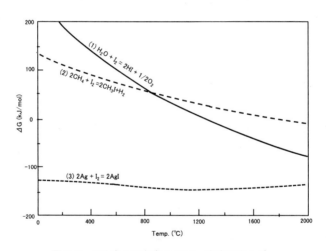

図 2.5　ヨウ素との反応の Gibbs 自由エネルギー

$$2Ag + I_2 = 2AgI \tag{2-12}$$

　水蒸気とは高温にて反応して水溶性の HI を生成する。これに対し，
CH_4 では CH_3I を生成する。このことは HI はサプレッションチャンバー

22

表 2.11　セシウムおよび関連化合物の性質

	Cs	CsI	Cs_2O	CsOH	$CsOH \cdot H_2O$
密度 （g/cm³）	1.873	4.51	4.36	3.68	3.5
融点 （℃）	28.7	621	490	272	205 − 208
沸点 （℃）	685	1280	−	−	−

へのベントにおいて HI は捕集できるものの，I_2 が高温で塗料等有機物と反応して，不溶性の CH_3I となると除去できず，格納容器外へ排出される可能性があることを示している。また，Ag とは低温から安定な AgI を生成するので，Ag 粒子を含むフィルターで I_2 をトラップできる。また，I_2 自身は低温で金属材と反応して，ヨウ化物として固定されることもある。

　中揮発性 FP は酸化性雰囲気では揮発性の高級酸化物を生成するが，H_2O が共存するような場合 d では低級酸化物となり，揮発が抑制される。低揮発性 FP は，そのままでは不揮発であるが，他の化合物と複合酸化物等を生成して揮発する可能性あるものである。最後の燃料成分等は，基本的に UO_2 固溶体となって安定化している状態にある。

　セシウムは核分裂時では元素状態であるが，酸素と反応して，Cs_2O に，さらに UO_2 と複合酸化物を生成，さらには CsI も生成する。

　表 2.11 にはセシウムおよび関連化合物の性質を示す。水酸化物，酸化物の挙動が放射性セシウムの挙動に影響する。

　これらの化合物は常温では固体であるが，高温においては揮発する。Cs 金属や Cs_2O は極めて吸湿性が強く，グローブボックス内の取扱においても十分なデータが得られなかった。図 2.5 には，空気雰囲気における Cs 化合物の TG 測定結果を示す [13]。(a) の CsOH の場合，吸湿性が強く，アルゴン雰囲気グローブボックス内で取り扱っているものの，試料瓶開封後から試料重量は増加した。100℃付近から付着水の蒸発に伴う重量減少が見られた後，450℃付近より脱水による酸化物（Cs_2O）を生成し，Cs_2O として 800℃付近で揮発することが分かる。Cs_2O の場合，水蒸気雰囲気にいても同様の揮発挙動を示すことが分かった。セシウムの場合，Cs_2O として揮発後，加水分解により，エアロゾルとして，低温において

も水蒸気等ともに移動し，大気中に拡散すると考えられる。また，(b) の CsI の場合には吸湿性による重量変化はみられないものの，700℃付近より反応して 100%揮発している。この場合，I_2 や HI を生成する反応は進行せず，(2-13) のような酸化反応が進行して揮発すると思われる。Cs および I の揮発挙動については 3.3「高揮発性元素と構造材との反応」も参照されたい。

$$CsI + H_2O \rightarrow CsOH + 2HI \qquad (2\text{-}13)$$
$$2CsOH \rightarrow Cs_2O + H_2O \qquad (2\text{-}14)$$
$$4CsI + O_2 \rightarrow 2Cs_2O + 2I_2 \qquad (2\text{-}15)$$
$$2CsI + H_2O + 3O_2 \rightarrow 2Cs_2O + 2HIO_3 \qquad (2\text{-}16)$$

これに対し，モリブデンの場合の空気 (a) および水蒸気雰囲気 (b) における TG 結果を図 2.6 に示す。空気雰囲気では金属から MoO_2 まで酸化された後，MoO_3 酸化物として 800℃以上で揮発することがわかる。一方，水蒸気雰囲気では金属の酸化が抑制されて重量増加は見られず，揮発しないことが分かる。

$$Mo + O_2 \rightarrow MoO_2 \qquad (2\text{-}17)$$
$$2MoO_2 + O_2 \rightarrow 2MoO_3 \qquad (2\text{-}18)$$

次に金属テルルについて空気中および水蒸気雰囲気における揮発挙動を図 2.7 に示す。空気雰囲気 (a) の場合，700℃付近より (2-19) のように，酸化され，TeO_3 として揮発する。実際 Te の融点は 449.5℃であり，融解後に酸化反応が進行している。さらに 800℃になると (2-20)，(2-21) のように TeO_3 が Te_2O_5 を経由して TeO_2 に分解し，TeO_2 として揮発することが分かる。一方，水蒸気雰囲気 (Ar + H_2O) の場合 (b) をみると，主に 600℃付近より三酸化物として揮発することが分かる。このように Te の場合には雰囲気により酸化揮発挙動に影響があることが分かる。

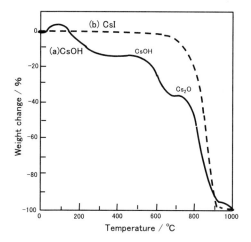

図 2.6　空気雰囲気における Cs 化合物の TG 結果

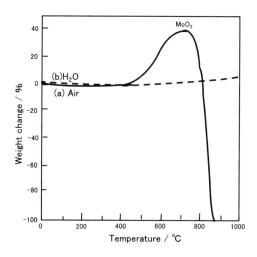

図 2.7　空気 (a) および水蒸気雰囲気 (b) における Mo の TG 結果

$$2\,Te + 3\,O_2 \rightarrow TeO_3 \tag{2-19}$$

$$2\,TeO_3 \rightarrow Te_2O_5 + 1/2\,O_2 \tag{2-20}$$

$$Te_2O_5 \rightarrow 2\,TeO_2 + 1/2\,O_2 \tag{2-21}$$

　次にテクネチウムの模擬として，レニウムを用いて揮発挙動を調べた結果を図2.8に示す。この結果をみると，空気雰囲気においては400℃付近より揮発する様子がわかる。Reの酸化物には，ReO_2，ReO_3，Re_2O_7，ReO_4があり，それぞれReの原子価がIV，VI，VII，VIII価に対応する。特にRe_2O_7沸点が350℃であり，空気雰囲気においてはRe_2O_7として揮発する[14]。一方，水蒸気雰囲気では800℃まで加熱しても20％の揮発に留まる。この場合，Re_2O_7はReO_2に分解あるいは還元され，揮発が抑制されると考えられる。このように酸化雰囲気では揮発し，水蒸気雰囲気では抑制されることは，モリブデンの場合と同様である。このように使用済核燃料中に存在するFPの中には，揮発性酸化物を生成して揮発し，大気中へ拡散していくものがある。一方で，水蒸気等により酸化が抑制される場合には揮発も抑制されることが考えられる。

　震災後，2011年3月19日に仙台市青葉区片平にある著者の職場である東北大学多元物質科学研究所素材研棟3号館（RI施設）の土壌150g（乾燥重量）を採取し，Ge半導体検出器により24時間測定した。得られたγ線スペクトルを図2.9に示す。この結果をみると，CsやTe，Iといった揮発性成分を確認することができる。具体的には，^{137}Cs ($T_{1/2}$ = 30y)，^{134}Cs (2y)，^{131}I (8d)，^{132}I (2h)，^{132}Te (3d) らのγ線が検出されている。半減期の10倍経過すると殆ど減衰してしまうため，^{132}Iについては1Fから飛来したとすると3/19時点では検出できない。このことは，ここでの^{132}Iは1F由来ではなく，飛来した^{132}Teから崩壊して生成したものであると考えられる。^{133}Xeのような希ガス成分は土壌に沈着しないので，検出されない。また，上記にて揮発成分として述べてきたMoについても例えば，^{99}Mo ($T_{1/2}$ = 2.749 d)からのγ線が検出されないことは，1F炉内に水が存在し，Moの酸化揮発を抑制していた結果と思われる。

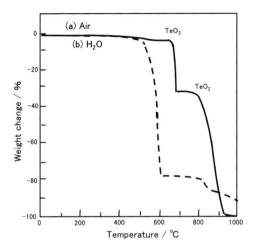

図 2.8　(a) 空気および (b) 水蒸気雰囲気における Te の TG 結果

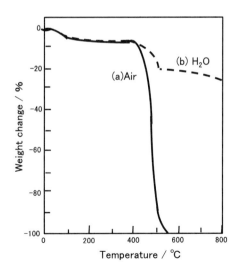

図 2.9　空気 (a) および水蒸気 (b) 雰囲気における Re の TG 結果

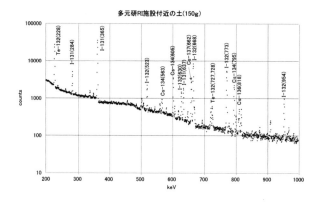

図2.10 土壌（150g）のγ線スペクトル
（仙台市青葉区片平, 東北大学多元研素材研棟3号館にて2011年3月19日採取, 24h測定）

2.7 B_4C の挙動

BWRの場合, 制御材に B_4C が用いられ, SUS製の制御棒に封入されている。事故時には, B_4C と SUS が 1000℃以下で溶融相を形成し, 溶け落ちたとみられる。この過程については, 3.1.1 に詳しく紹介している。ここでは, UO_2 ペレットと反応する可能性について検討する。例えば, B_4C と反応して UB_2 や ZeB_2, FeB といったホウ化物を生成する場合, 反応のΔGは 2000℃以上においても正値をとり, 反応しないと思われる。

$$2MO_2 + B_4C \rightarrow 2MB_2 + CO + 3/2O_2 \,(M = U, \, Zr) \qquad (2\text{-}22)$$

$$2Fe_2O_3 + B_4C \rightarrow 4FeB + CO + 5/2O_2 \,(MU, \, Zr) \qquad (2\text{-}23)$$

一方, 酸素が共存する場合にはホウ酸（B_2O_3）を生成する反応がある。図2.10には B_4C が UO_2 および ZrO_2, Fe_2O_3 と B_4C が酸素共存下において反応する場合の Gibbs 自由エネルギーを示す。いずれの場合にもΔGは大きな負値を示す。また, U < Zr < Fの順に負値が大きく, UB_2 より ZrB_2 や FeB が生成しやすいと言える。実際, Ar + 2％ O_2 雰囲気において UO_2

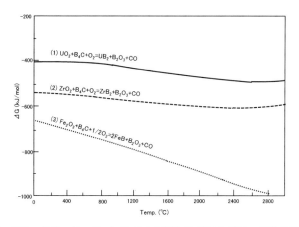

図2.11　UO_2, ZrO_2, Fe_2O_3 と B_4C とに関わる反応の Gibbs 自由エネルギー

あるいは UO_2-ZrO_2 と B_4C との混合物を 1600℃に加熱すると，前者では UB_2 が生成するものの，後者では ZrB_2 が生成した。また，酸素共存下において B_2O_3 が生成し，さらに，MCCI デブリのようにコンクリートと接触するといわゆるホウケイ酸ガラスを形成する可能性もある。

2.8　燃料デブリと放射能

(1) 使用済核燃料と燃料デブリ

　放射化学的にみて核燃料に使用されるウランがウラン鉱石と異なる点は，ウランを分離精製しているため，天然鉱石に見られるウラン系列（^{238}U）およびアクチニウム系列（^{235}U）による娘核種を含有せず，放射平衡に達していないことである。また，使用済燃料（Spent Fuel、SF）は，核分裂により生成した FP 元素や中性子捕獲により生成した超ウラン元素（マイナーアクチノイド，MA）を含んでいるが，再処理により核燃料成分（U, Pu）を分離・再利用し，FP および MA からなる高レベル放射性廃棄物（High Level Radioactive Waste, HLW）となっていることである。一方，事故炉では燃料デブリが発生している。ここで，表2.12に燃料

表 2.12　燃料デブリと鉱石，核燃料との比較

形態	U	Pu	FP	MA
ウラン鉱石	n-U	×	×	×
MOX 燃料	e-U	○	×	×
使用済核燃料	e-U, d-U	○	○	○
高レベル放射性廃棄物	×	×	○	○
燃料デブリ	○	○	○	○

　成分と FP および MA の存在について燃料デブリと鉱石，使用済核燃料，HLW とを比較して示す。核燃料物質についてみると，鉱石には天然 U のみであり，Pu や FP，MA は含まれていない。一方，使用済核燃料には濃縮 U，劣化 U および Pu が含まれる。再処理により発生する HLW には長半減期の FP や MA が含まれる。再処理により分離・回収した U および Pu は MOX 燃料としてリサイクルされる。これらと燃料デブリを比べると，燃料デブリには全ての成分が含まれており，使用済燃料に相当する。

　表 2.13 には燃料デブリと使用済核燃料，高レベル放射性廃棄物の形態や化合物，放射能，核的特性となる臨界性について比較した。使用済核燃料はチャンネルボックス毎，冷却保管されており，燃料棒内には UO_2 の固体ペレットがある。冷却により短半減期核種は減衰していくものの，長半減期核種が残っており，放射能は高い。また，臨界体系になれば，再臨界し，中性子を発生する。一方，高レベル放射性廃棄物について，再処理工程では廃液（High Level Liquid Waste, HLLW）として出てくるものの，ガラス固化処理により，ホウケイ酸ガラスとなる。放射能は強いが，U，Pu を殆どふくまないので再臨界性は極めて低い。これらに対し，燃料デブリの場合には，燃料ペレットやジルカロイ被覆管，ステンレス構造材，制御材を含み，酸化物，金属等からなり，形状も塊状，粉体，沈殿等と多種多様にわたる。ただ，使用済燃料とは異なり，核燃料物質の濃度が下がり，体系も変化しているので，再臨界性は低いと考えられる。

表2.13　燃料デブリと使用済核燃料との比較

	形態	化合物	放射能	再臨界性
使用済核燃料	固体ペレット	酸化物	強	高
高レベル放射性廃棄物	ガラス固化体	ケイ酸化合物	強	極低
燃料デブリ	固体，塊状，粉体等	酸化物，金属，ケイ酸塩等	使用済燃料と同程度	低

(2) 燃料デブリ中の放射性核種 [15]

　原子炉内では，^{235}U や ^{239}Pu の非対称分裂により，使用済核燃料中には質量数95および140付近を頂点とする周期表第3周期および第4周期のほぼ全ての族にわたる元素が核分裂生成物として存在する。一方，ウラン以降のアクチノイドの（n，γ）を含む核反応により，Pu の他，Np，Am，Cm などを生成する。従って使用済核燃料中には周期表のほとんどの元素が存在していることになる。これらの元素に対し，同位体が存在し，放射性をもつものがある。それらのうち短半減期の核種は原子炉から取り出し後，減衰していくので，長半減期を持つ核種として対象となる主な核種を表2.14に示した。まず，核燃料物質としてUで5核種，Puで4核種ある。次にα核種として，^{237}Np の他，Amで4核種，Cmで3核種ある。β線核種では，トリチウム（T，^{3}H）から ^{129}I まで10核種，γ線核種では ^{60}Co から ^{137}Cs までの5核種である。以下，αおよびβ線核種とγ線核種に分けて述べる。

　使用済核燃料中の長半減期のαおよびβ核種について，放射能が高いものを表2.15に示した。ここでは，事故後10年経過後の1F-1号機について放射能が高いαおよびβ核種について，半減期，放出放射線，炉心あたりの質量と放射能，燃料1g当たりの放射能を上げている。まず，燃料成分であるPuについて3つのα核種（^{238}Pu，^{239}Pu，^{240}Pu）と1つのβ核種（^{241}Pu）がある。^{239}Pu の半減期が2.4万年と最長であり，半減期14年の ^{241}Pu ではβ崩壊による ^{241}Am 生成の課題がある。半減期2.4日の ^{239}Np はβ核種であり，原子炉運転中やその後の保管中に ^{239}Pu に変換するの

表 2.14 使用済核燃料中の対象となる主な α, β, γ 核種

分類	対象核種
核燃料	^{233}U, ^{234}U, ^{235}U, ^{236}U, ^{238}U, ^{238}Pu, ^{239}Pu, ^{240}Pu, ^{241}Pu, ^{242}Pu
α核種	^{237}Np, ^{241}Am, ^{242m}Am, ^{243}Am, ^{244}Cm, ^{245}Cm, ^{246}Cm
β核種	^{3}H, ^{14}C, ^{36}Cl, ^{41}Ca, ^{59}Ni, ^{63}Ni, ^{79}Se, ^{90}Sr, ^{99}Tc, ^{129}I
γ核種	^{60}Co, ^{94}Nb, ^{152}Eu, ^{154}Eu, ^{137}Cs,

表 2.15　事故後 10 年経過後の 1F-1 号機の主な α および β 核種の性質 [15]

核種	半減期 (y)	放射線 (エネルギー. MeV)	質量 (g/core)	放射能量 (GBq/core)	放射能量※ (Bq/g [fuel])
^{238}Pu	87.7	α (5.5)	7.44×10^3	4.72×10^6	4.72×10^7
^{239}Pu	7.41×10^4	α (5.157)	3.08×10^5	$7\ 08 \times 10^5$	7.08×10^6
^{240}Pu	6561	α (5.168)	1.05×10^5	8.88×10^5	8.88×10^6
^{241}Pu	14.29	β (0.0208)	3.62×10^4	1.38×10^8	1.38×10^9
^{239}Np	2.356(d)	β (0.218)	2.93×10^3	2.52×10^4	2.52×10^5
^{241}Am	432.6	α (5.638)	2.65×10^4	3.37×10^6	3.37×10^7
^{244}Cm	18.11	α (5.902)	6.17×10^2	1.85×10^6	1.85×10^7
^{90}Sr	28.79	β (0.546)	2.30×10^4	1.18×10^8	1.18×10^9

で，事故炉のように冷温停止後，十分な時間が経過している場合，十分減衰している。^{241}Am や ^{244}Cm の放射能は十分に高く，後者は半減期 18 年で減衰していく。FP では β 核種の ^{90}Sr があるが，半減期 30 年で減衰していく。同様の半減期をもつ ^{137}Cs が使用済核燃料中にあるが，事故炉では揮発やエアロゾルによる気相拡散，あるいは冷却水中へ溶出により燃料デブリ中には余り残っていないと思われる。このように主な α 核種としてはアクチノイドが，β 核種には ^{90}Sr が対象となる。α 線のエネルギーは 5 MeV と高く，β 線の場合には最大エネルギーでも α 線エネルギーの 1/10 程度である。

　実際，これらの核種について事故直後から 100 年後までの放射能の経年変化をみてみると，表 2.16 のようになる。ここでは燃料デブリを構成する Zr について短半減期核種 ^{95}Zr（半減期：64 d）を追加してある。事故直

表2.16　1F-1号機の放射能量の経年変化（Bq/gfuel）[15]

核種	0h	1y	2y	5y	10y	20y	50y	100y
^{238}Pu	4.63×10^7	4.97×10^7	4.97×10^7	4.91×10^7	4.72×10^7	4.36×10^7	3.44×10^7	2.32×10^7
^{239}Pu	4.63×10^7	4.97×10^7	4.97×10^7	4.91×10^7	4.72×10^7	4.36×10^7	3.44×10^7	2.32×10^7
^{240}Pu	4.63×10^7	4.97×10^7	4.97×10^7	4.91×10^7	4.72×10^7	4.36×10^7	3.44×10^7	2.32×10^7
^{241}Pu	2.23×10^9	2.13×10^9	2.13×10^9	1.76×10^9	1.38×10^9	8.53×10^8	2.01×10^8	1.81×10^7
^{239}Np	2.5×10^{11}	2.53×10^5	2.53×10^5	2.53×10^5	2.53×10^5	2.52×10^5	2.51×10^5	2.50×10^5
^{241}Am	5.62×10^6	9.10×10^6	9.10×10^6	2.14×10^7	3.37×10^7	5.06×10^7	6.93×10^7	6.97×10^7
^{244}Cm	2.71×10^7	2.61×10^7	2.61×10^7	2.24×10^7	1.85×10^7	1.26×10^7	3.99×10^6	5.89×10^5
^{90}Sr	1.50×10^9	1.46×10^9	1.46×10^9	1.33×10^9	1.18×10^9	9.24×10^8	4.48×10^8	1.34×10^8
^{95}Zr	2.12×10^{10}	4.07×10^8	7.79×10^8	5.48×10^1	1.42×10-^{7}	0	0	0

表2.17　Chernobylデブリ中の主な放射性核種[16]

Material		Radionuclide Content, MBq/g（Recalculated for April 1986）							
		^{137}Cs	^{154}Eu	^{155}Eu	^{244}Cm	^{241}Am	^{243}Am	^{239}Pu/ ^{240}Pu	^{238}Pu
Half life (y)		30.08	8.601	4.753	18.11	432.6	7364	2.411×10^4 /6561	87.7
Lava	Black	20-40	1-3	2	0.1	1	0.03	1	0.5
	Brown	50-60	3-4	5	0.2-0.3	3	0.06	2	1
Massive Corium		0.1-30	0.2-5	0.1-1	0.03-0.07	0.1-1	0.01-0.04	1-4	0.4-1.6

後，強い放射能を有しているのは，^{241}Pu，^{239}Np，^{90}Srや^{95}Zrであるが，10年後には^{239}Npは減衰，また^{95}Zrはほぼ消滅し，^{241}Puや^{90}Srの放射能が強い。50年，100年後となると長半減期を持つPu核種（^{238}Pu，^{239}Pu，^{240}Pu，^{241}Pu）の他，^{90}Srの放射能が残っている。

(3) Chernobylデブリの放射能評価 [16]

　表2.17にはChernobylデブリに含まれる放射性核種を示す。事故後30年以上経過しているので，半減期が数年以上の核種が残留しており，その中でも短半減期核種の放射能が高い。すなわち，^{137}Csや^{154}Eu，^{155}Euが該当する。また，マイナーアクチノイドである^{244}Cmや^{241}Am，^{243}Amが

燃料成分である Pu の核種と同程度含まれていることがわかる。

［文献］
［1］日本原子力学会核燃料部会 HP
［2］原子力規制庁審査書，原規規発第 21033017 号，（2021）
［3］I. Cohen, B. E. Schaner, J. Nucl. Mater., 9（1963）18-52.
［4］D. R. Olander, "The UO₂- zircaloy chemical reaction", J. Nucl. Mater., 115, 271-285, (1983)
［5］S. Yamanaka, M. Katsura, M. Miyake, S. Imoto, S. Kawasaki, "On the reaction between UO₂ and Zr⁺", J. Nucl. Mater., 130, 524-533, (1985)
［6］塩沢周策，斎藤伸三，柳原　敏，「NSRR 実験における UO₂ －ジルカロイ反応」，JAERI-M-8267, （1979）
［7］K.H. Kubatko, K. B. Helean, A. Navrotsky, P. C. Burns, Science, 302, (2003) 1191-3.
［8］R. D. Shannon, Acta Cryst., A32, (1976), 751-767
［9］Kurata et al., J. Nucl. Mater., 500, (2018), 119-140,
［10］佐藤修彰，桐島　陽，渡邉雅之，「ウランの化学（I）－基礎と応用－」，p165，東北大学出版会，（2020）
［11］C. L. Christ, J. R. Clark, H. T. Evans, Jr., 121, (1955), 472-2.
［12］R. Kusaka, Y. Kumagai, T. Yomogida, M. Takano, M. Watanabe, T. Sasaki, D. Akiyama, N. Sato, A. Kirishima, J. Nucl. Sci.Tech., 58, (2021), 629-634
［13］佐藤修彰，ケミカルエンジニアリング A32, (2012), 414-418
［14］F. Habashi, "Handbook of Extractive Metallurgy", Vol. III , Chap.33, pp1491-1501, Wiley-VCH, (1997)
［15］西原健司他，岩元大樹，須山賢也，「福島第一原子力発電所の燃料組成評価」，JAEA-Data/Code 2012-018, (2012)
［16］B. Zubekhina, B. Burakov, E. Silanteva, Y. Petrov, V. Yapaskurt, D. Danilovich, "Long-Term Aging of Chernobyl Fuel Debris : Corium and "Lava"", Sustainability, 13, 1073, 1-9, (2021)

第3章 燃料デブリの高温化学

3.1 燃料デブリの生成プロセス

　燃料デブリは，広義には未溶融の燃料ペレットや変形・酸化により劣化した構造材なども含まれるが，その多くは金属材料間あるいは金属−酸化物間の高温反応により，全体的にあるいは部分的に液相を経由して固化したものが多く存在すると考えられる。燃料や構造材の液相生成は，単純に個々の材料の融点によるものだけでなく，異種材料間の共晶反応や，金属−酸化物間の酸化還元反応により，本来の材料の融点よりもかなり低い温度で液相を生ずるものがある。本節では，まず液相生成の代表的な例について説明した後，冷却・凝固過程の一般論を述べる。

3.1.1 圧力容器内での液相生成

　原子炉の圧力容器内の主要な金属材料は，制御棒の被覆とBWRの場合そのブレードに使用されるステンレス鋼（SUS304，SUS316L等）と，燃料被覆管及びBWRのチャンネルボックスに使用されるジルカロイ合金（Zry-2，Zry-4）である。前者の融点は約1450℃，後者は約1800℃である。冷却水喪失時にこれらの金属材料が高温で互いに接触した状態にあると，Fe-Zr系（928℃）やNi-Zr系（960℃）等の比較的低い温度で共晶による液相生成が始まる。BWRの圧力容器内では，制御ブレードとチャンネルボックスの接触が，PWRでは燃料集合体内の制御棒案内管（シンブル）と制御棒の接触が想定される。冷却水喪失事故時には多量の高温高圧水蒸気が生じて金属材料表面に酸化皮膜ができるため，共晶反応を遅延する効果が期待されるものの，時間経過や更なる温度上昇とともにやがて液相化が進行すると考えられる。なお，本書では個々の状態図を示さないが，適宜ハンドブック等（例えば［1］）で二元系状態図を参照いただきたい。

　BWRの制御棒内部には顆粒状のB_4Cが充填されているが，被覆材との間でFe-B系では1173℃に，Ni-B系では1018℃と1093℃にそれぞれ共晶

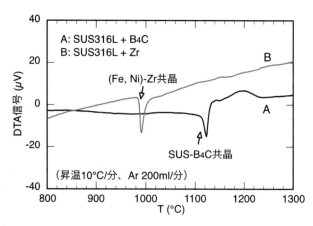

図 3.1 SUS316L と B₄C，SUS316L と Zr の粉末混合物の DTA 曲線

点がある。図 3.1 は，SUS316L と B₄C の粉末混合物，SUS316L と Zr の粉末混合物についてそれぞれ Ar 気流中で示差熱分析（DTA）を行った際の DTA 曲線を示している。単元素の二元系ではないため状態図と完全には一致しないが，SUS-B₄C 系では 1110℃位から，SUS-Zr 系では 980℃位からそれぞれ共晶による液相生成の吸熱ピークが観察されている。事故進展時に制御棒自体に発熱源はないものの，高温の水蒸気によって制御ブレード内部まで高温になった場合には，制御棒内部から液相が生成し破損していくことになる。一方，PWR の制御棒には Ag-In-Cd 合金が充填されており，この融点は 800℃程度であまり高くはないが，ステンレス鋼成分との共晶や新たな合金生成は 1300℃程度までないため，すぐに制御棒の破損には至らないとされている。

　冷却水喪失時の燃料被覆管の外表面では，Zr が高温の水蒸気と反応して酸化皮膜が成長するとともに，その反応熱がさらに燃料棒の温度上昇を加速する。ジルカロイの水蒸気による酸化速度は文献［2］に詳細データがあるので参照されたい。一方，被覆管内面では燃焼が進んだペレットの場合はスエリングにより密着しているとともに，崩壊熱で高温に保たれて

いる。Zr は二酸化物の生成自由エネルギーが低く，還元力の強い（自身は酸化されやすい）金属であるとともに，酸素の固溶限が約 30 at％と大きい特異な金属元素である（Zr-O 系状態図参照）。U/UO$_2$ と Zr/ZrO$_2$ の生成自由エネルギーは比較的近い値であるものの，Zr 中への酸素固溶の生成自由エネルギー（酸素ポテンシャル）は Zr/ZrO$_2$ 系よりもさらに低いため（後述の図 3.3 (b) 参照），Zr と UO$_2$ の高温接触面では UO$_2$ が還元され，酸素が固溶した Zr(O) と液相の Zr-U 合金が生じる（Zr-U 系状態図参照）。このときの被覆管/UO$_2$ ペレット接触面における生成相の階層構造と反応速度データについては，文献 [3] を参照されたい。この還元反応は千数百℃で進むため，UO$_2$ の融点（未照射で約 2850℃）よりも 1000℃以上低い温度で燃料棒内に U を含んだ金属の液相が生じることになる。なお，純粋な Zr は低温相の α-Zr（六方晶）から高温相の β-Zr（正方晶）へ 863℃で相変態し，融点は約 1850℃であるが，酸素が一定濃度以上固溶すると高温でも六方晶に安定化され，融点も 2130℃程度まで上昇する。酸素が固溶し α 相に安定化された Zr を α-Zr(O) と表記する。

　燃料被覆管は，冷却水喪失事故進展中に外表面からの水蒸気酸化と内面での UO$_2$ との反応により次第に強度を失い，破損しながら圧力容器の下方へ崩落していくことになる。その過程でも Zr の水蒸気酸化は進むため，被覆管の Zr の多くの部分は ZrO$_2$ になると考えられ，UO$_2$ と二酸化物固溶体を形成する。一度還元された金属 U（Zr-U 合金）も同様に大部分は二酸化物に酸化すると推測される。UO$_2$-ZrO$_2$ 疑二元系状態図は，実験に基づくものや熱力学計算によるものなど多くあるが，筆者の実験結果と比較的よく一致するものは文献 [4] の実験状態図である。かなり古い状態図のため融点付近の温度測定精度は低い可能性があるが，融点（固相線温度）は UO$_2$/ZrO$_2$ = 50/50 mol％付近で最低となり 2600℃程度，その直下には UO$_2$ と同じ蛍石型面心立方晶で全率固溶する温度領域がある。2300℃を下回ると 1400℃にかけて相互固溶度は急激に低下し，通常の電気炉で熱処理可能な温度では UO$_2$ が 70 〜 80 mol％程度の U リッチな立方晶（U, Zr）O$_2$ と，UO$_2$ が 20 mol％前後の Zr リッチな正方晶（Zr, U）O$_2$ の

二相に分離することが特徴である。Zr リッチの正方晶は，降温過程で一部が単斜晶に相変態する。

立方晶，正方晶ともに (U, Zr) O$_2$ に固溶する少量元素として，圧力容器内由来の元素では中性子毒物の Gd，燃料内の希土類（RE）FP，構造材由来の Fe 及び Cr 等の酸化物がある。後述のコンクリートとの反応（MCCI）では，Ca が最も固溶しやすい。これらの少量固溶元素は，溶融状態からの固化温度や UO$_2$-ZrO$_2$ の相互固溶度，凝固組織，結晶構造（立方晶への安定化）等に若干影響する。

1F 事故進展時に圧力容器内で (U, Zr) O$_2$ の液相が大規模に存在していたかは現時点で不明であるが，1979 年の米国スリーマイルアイランド発電所 2 号機（TMI-2）の炉心溶融事故の際には，圧力容器下方に堆積した燃料と構造材が，表面のクラスト層が断熱材として働いた結果冷却が妨げられ，崩壊熱により大きな溶融プールを形成して液相で存在していたことが採取試料の分析で分かっている [5]。

以上のことから，圧力容器内で生成する液相は，金属融体と酸化物融体の 2 種類に大別できる。BWR の場合，少量元素の可能性も含めると，前者は Fe-Cr-Ni-Zr-U-Sn-Si-Mo-B-C 系融体と言える。B$_4$C は金属ではないが，Fe や Zr を含む金属融体に優先的に取り込まれ，冷却過程で合金中に ZrB$_2$，(Fe, Cr)$_2$B，(Cr, Fe) B 等のホウ化物として析出する。Sn はジルカロイ中の，Si と Mo はステンレス鋼中の少量添加元素である。一方，酸化物融体は U-Zr-RE-Fe-Cr-O 系融体であり，物量的には U と Zr が大部分を占める。金属融体と酸化物融体は均質には混じり合わず，界面で酸化還元反応により互いに元素をやりとりしながら，マクロ的には分離する方向に作用する。同一元素の金属融体と酸化物融体への配分は，事故進展中の水蒸気酸化の度合いに大きく依存するとともに，B のような酸化して蒸気圧の高い化学種になるものは気相で抜けていくことも考えられる。

3.1.2 MCCI における液相生成

圧力容器内で形成された金属融体と酸化物融体が格納容器底部のコン

クリート上に流下した状況を想定して，MCCI（Molten Core-Concrete Interaction，炉心溶融物 - コンクリート相互反応）の概略を説明する。コンクリートは，セメント粉末（$CaO/SiO_2/Al_2O_3/Fe_2O_3/CaSO_4$ 系の 5 種類の物質：ポルトランドセメント）に骨材として川砂と川砂利を加え，水と混錬して固めたものである。固化したセメント中には $Ca(OH)_2$ が含まれ，結合水を持っている。骨材は天然鉱物であるので，主要成分の結晶性 SiO_2（quartz）のほか，Na, K, Mg 等を含んだ多種多様なケイ酸鉱物から成っている。

　コンクリートの温度が上昇すると，固化セメント部分から結合水を放出して脆くなり，1200℃位から固化セメント部分の溶融が始まる。完全に液相化するのは骨材中の SiO_2 の融点である 1700℃付近であり，溶融したコンクリートはケイ酸ガラスとなる。欧米では，シビアアクシデント解析コードへの反映を目的として，1F 事故以前から大小様々な規模で MCCI の試験が行われていた。しかし，その主眼はコンクリート溶融による浸食挙動にあり，MCCI の結果生じるコンクリート成分を含んだ燃料デブリの化学性状の詳細はあまり調べられて来なかった。

　1F 事故で MCCI が起きたとして，炉心の金属融体と酸化物融体のどちらが先に流下したか，あるいは同時に流下したかで様相は異なる。金属融体には酸化熱以外に発熱源がなく，熱伝導率も高いので，コンクリート上に流下しても比較的速やかに冷え，コンクリートの液相生成による浸食は浅いと考えられる。また，酸化物融体が先に流下したとして，その粘性が低く広範囲に拡がれば上記同様に浸食は浅く済む。一方，粘性が高く厚く堆積した場合には，表面は固化してもその内部では崩壊熱により再び高温になり，コンクリートと共に液相が生じる可能性がある。$(U, Zr)O_2$ の融点は 2600℃程度と高いが，コンクリートと共存することで液相線温度は 2000℃を下回る温度まで大幅に低下することが分かっている。$(U, Zr)O_2$-コンクリート系の熱力学計算による状態図 [6] や，UO_2-SiO_2 系 [7]，ZrO_2-SiO_2 系 [8] の実験状態図を参照いただきたい。ここまでに述べた圧力容器内及び MCCI での主要な液相生成温度（融点，共晶，還元によ

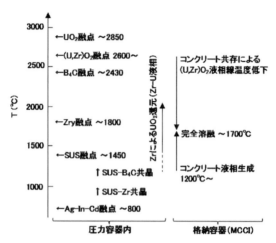

図 3.2　炉心溶融事故時の各材料の液相生成温度

る金属液相生成等）を図 3.2 に示す。

　MCCI で生じる燃料デブリの化学性状（生成相）を決定付ける重要な因子は，炉心溶融物とコンクリート間の酸化還元反応である。主要な酸化剤はコンクリートから放出される水分であり，還元剤は金属融体中に未酸化のまま残留した金属 Zr である。酸化還元によりどの元素が酸化されやすく，あるいは Zr に還元されやすいのかを推測するには，Ellingham 図が有効である。炉心材料及び MCCI に関与する主要な金属元素の酸化の Ellingham 図を図 3.3（a）に示す。縦軸は $1mol$-O_2 あたりの酸化物の生成自由エネルギーを示している。酸化物の数値データはデータブック［9］から，UO_{2+x} の酸素ポテンシャル数値データは文献［10］を用いた。図中で線が下にあるものほど低酸素分圧で酸化しやすいことを意味するので，ステンレス鋼の主要成分では Cr が最も酸化しやすく，次いで Fe が酸化し，Ni が最も酸化しにくい。また，図中で下方にある金属 X が上方にある酸化物 Y と接触した場合には，酸化物 Y が金属 X に還元され，金属 X が酸化物になる。コンクリートと Zr を含む金属融体が接触した場合には，コンク

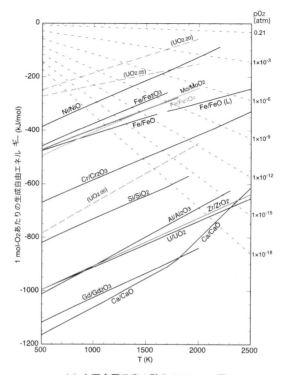

（a）主要金属元素の酸化のEllingham図

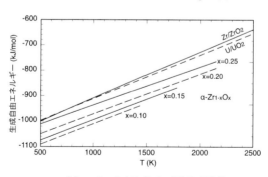

（b）α–Zr₁₋ₓOₓとZr/ZrO₂, U/UO₂の比較

図3.3 金属酸化の Ellingham 図

リート中の主要成分の SiO_2 が最も還元されやすく，次いで Al_2O_3 の一部が還元されて金属側に移行し，冷却時に合金構成元素となる。Ca や希土類元素の酸化物は，Zr/ZrO_2 より下側にあるため，金属 Zr によって還元されることはない。図 3.3(b) は，先述の酸素固溶した α-Zr(O) の酸素ポテンシャルを熱力学計算により固溶酸素濃度ごとに評価したもの [11] であり，α-Zr(O) 中の酸素固溶限に達する付近まで UO_2 を還元可能なことを示している。

3.1.3　冷却時の凝固・析出

　金属，酸化物（コンクリート含む）が融体で存在している場合には，互いの元素のやりとりや内部での拡散・対流が非常に速いが，冷える過程で固相になるとこれらの速度が急激に低下するため，凝固時に生成する相や凝固組織の大勢は凝固直前の温度での状態（元素組成，分布）でほぼ決まると考えて良い。基本的には熱力学的平衡状態（＝状態図）に向かおうとするものの，冷却速度によっては速度論的に拡散や相変態が追いつかず，急冷の場合には状態図上での高温相が室温まで保持されたり，準安定相が残存することがある。例えば，(U, Zr)O_2 は固相線直下の超高温では立方晶で全率固溶し，温度低下とともに立方晶と正方晶の 2 相に分離することは既に述べたとおりであるが，急冷の際には立方晶単相のまま室温まで保持されることがある。逆に言えば，採取した燃料デブリの生成相や元素組成，組織を分析・観察することで，その部位がどのような温度履歴や雰囲気条件を経てきたか，ある程度推測することが可能となる。

　寸法的にある程度の大きさを持った溶融物が冷える際には，雰囲気中あるいは水中への熱の放出によって表面から凝固することになるが，表面の凝固層の熱伝導率が低い場合にはこれが断熱層となり，内部の冷却・凝固はゆっくりと進むことになる。TMI-2 事故で大規模に生じた炉心溶融プールとその表面のクラスト層が最たる例である。ごく表面では雰囲気中の酸素分圧や温度にしたがい平衡状態に向かって化学的変化が進もうとするが，内部は外側の雰囲気と遮断されており，凝固層中の酸素拡散が反応

速度を律速するので，温度に強く依存するが平衡状態に達するには長時間を要する。したがって，例えば BWR の制御ブレードとチャンネルボックスからなる金属融体がある程度の規模の大きさを持っていたとして，表層は酸化と凝固が比較的速く進んだとしても，最終的な凝固物の内部には酸化しやすい Zr を含んだ金属相が保持されていることも十分考えられる。

　冷却速度は化学的状態だけでなく，凝固物の物理特性にも影響する。溶融物が圧力容器内部の上方から下方の水中に落下して急激に冷却された場合，凝固物の表層には熱衝撃によって細粉状や数 mm の小石状の細かい成分が発生することが，数十 kg 規模の UO_2 や鋼材の溶融物落下試験により観察されている [12]。TMI-2 から採取された燃料デブリにおいても，炉心溶融物が圧力容器下部ヘッドに流れ込んで水中で凝固した堆積物の表層には，5mm 前後の小石状の成分があり，これらはピンセットで摘んだだけで壊れてしまうような脆さである。

3.2　模擬燃料デブリによる性状予測

　燃料デブリを模擬した種々の固体試料（＝模擬燃料デブリ）を実験室で作製して観察・分析することの意義は，もちろん燃料デブリ取出しと保管に向けた性状予測データ収集にあるが，もう一つの重要な意義は，出発物質の構成元素・組成，高温での雰囲気（酸化条件），到達温度，冷え方等の生成諸条件と，生成する化合物（相），マクロ・ミクロ組織，硬さ等の性状データとの相関を整理しておくことで，実際の燃料デブリを分析した際にそれがどのような条件を経て生成したか概ね予測可能になることにある。実験室で一度に作製できる試料量は数グラム規模であるので，実際の燃料デブリを完全に模擬できるわけではないが，溶融・固化を経てどのようなものが生成するのかという観点から，かなり有用なデータが得られる。以下に，模擬燃料デブリの作製方法を説明した後に，生成相，組織等の実例を TMI-2 の燃料デブリとの比較も交えて紹介する。

3.2.1 模擬燃料デブリの作製方法

第2章で述べたように，燃料デブリは酸化物の主成分である $(U, Zr)O_2$ に始まり，これが圧力容器内で構造材とともに溶融固化したものと，炉心溶融物が格納容器底部に流下しコンクリートと反応した MCCI 生成物に大別できる。

$(U, Zr)O_2$ 固溶体は，それ自体の性状・物性を調べるためにも作製するが，さらに複雑系の溶融固化試料を作製する際の原料粉末にも使用する。$(U, Zr)O_2$ の作製は，任意の比で混合した UO_2 と ZrO_2 粉末を遊星ボールミル等により均質に微粉砕した後，燃料ペレット作製と同様にペレット形状に加圧成型（200MPa程度）し，これを電気炉により Ar 気流中 1700℃程度で約6時間保持する。加熱中に固溶体化と焼結が同時に進行し，理論密度の95％前後の $(U, Zr)O_2$ 焼結体が得られる。電気炉としては，タングステンメッシュヒーターや C/C コンポジットヒーター等の高温に対応したものが必要である。焼結する際のるつぼ（容器）は，Mo や W 等の高融点金属を用いる。試料の目的によっては，UO_2/ZrO_2 粉末混合時に希土類，Fe, Ca 等の酸化物粉末も添加し，これらの元素も固溶限の範囲内で固溶する。Fe 酸化物を添加する際は，焼結時の保持温度以下でペレット内に部分的に液相が生成するため，るつぼとの固着に注意が必要である。なお，上記の操作では UO_2 の微粉末汚染が生じるとともに，取扱中の UO_2 の酸化を避けるため，筆者の実験室では高純度 Ar 雰囲気のグローブボックス中で行っている。

炉心溶融固化物や MCCI 生成物の液相生成を伴う2000℃を超えるような超高温加熱には，高周波誘導加熱，アーク溶解，集光加熱等の手法を用いる。高周波誘導加熱ではるつぼ材の選定が課題となり，酸化物成分だけであれば W るつぼ使用により UO_2 の融点（約2850℃）領域まで加熱可能であるが，金属融体が生じる試料には W と反応するため使えない。燃料成分と炉心金属材料の2000℃前後の還元反応を調べるような試験では，UO_2 あるいは $(U, Zr)O_2$ をるつぼ形状に焼結し，その内部に Zr や SUS 等の金属成分を入れ，これを W るつぼに装荷して加熱する方法もあ

る。高周波誘導加熱による方法の利点は，加熱中にるつぼ底部あるいは頂部で放射温度計により比較的精度良く温度測定が可能なことと，昇温・降温速度制御の自由度が比較的高いことである。

　試料とるつぼの反応の問題がなく，比較的容易に超高温の溶融状態が得られるのはアーク溶解である。この方法では，水冷式の銅製試料台の上にペレット形状に成型した混合試料を置き，試料室内を Ar 雰囲気に真空置換した後，棒状の W 電極先端からアーク放電により試料自体に高電流を流して超高温にする。試料の溶融具合を遮光窓越しに目視で確認しながら手動で出力調整を行う。銅製試料台と接している試料の下半分あるいは 1/3 程度は溶融しないため，1 回あたり数分の溶融加熱と試料上下反転を数回繰り返すことで，塊状の試料全体が溶融固化を経た状態とする。試料には導通が必要なため金属成分を数十 wt％添加する必要があるものの，(U, Zr)O$_2$/Zr/SUS/B$_4$C 系の炉心溶融固化物や，さらにはこれにコンクリートを加えた MCCI 生成物の模擬にも使用できる。この方法の欠点として，加熱中の試料温度が測定出来ないことと，原理上 1000℃ / 分を超える急冷となることが挙げられ，試験目的によっては得られた試料を他の電気炉で焼鈍・徐冷する。

　上記以外のユニークな方法として，集光加熱がある。数 kW の高出力 Xe ランプを光源として，この光をドーム型の反射鏡で下方にある試料表面に直径数 mm の焦点に集光して加熱するものである。試料は透明石英製ベルジャーで密閉された試料室内にあり，任意の雰囲気ガスを流通可能である。この方法の最大の特徴は，試料全体を均熱加熱するのではなく，入熱されるのは試料表面だけであるので，ある程度の大きさを持った試料の場合，表面から下方にかけて大きな温度勾配が生じる。したがって，例えば直径と高さが 25mm 程度のコンクリート片上に直径 10mm 程度の炉心成分混合物成型体を置いてこの表面を加熱することにより，MCCI を簡易的に模擬した試験が可能であり，温度勾配下での MCCI 生成物の階層構造を調べることができる。また，内径 14mm 程度の W るつぼに (U, Zr)O$_2$ とコンクリート粉末の混合物成型体を入れ，ほぼ全量液相化するような試

（a）グローブボックス　　（b）アーク溶解に　　（c）集光加熱による
　内でのペレット焼結　　　　よる溶融個化　　　　MCCI模擬試験

図3.4　模擬燃料デブリ作製の設備・装置と試料の外観例

験や，Zr に還元されない MgO るつぼを用いて UO_2 と鋼材（SUS，Zr 等）の高温反応試験も可能である。加熱中は大光量のため試料部を直視できないので，減光フィルターを被せたビデオカメラで試料部を撮影してモニター上で常時状態を観察し，手動でランプ出力を調整して昇降温する。例えば上述の MCCI 模擬実験の場合，ランプ点灯から消灯までの一連の加熱プロセスは 10 分前後の短い時間で実施可能である。筆者の実験室には 3 kW 型と 5kW 型の集光加熱装置があり，前者でも $(U, Zr)O_2$ ペレットの表面に液相を生じさせる（> 2600℃）能力がある。加熱中に試料高さ（z軸）をモーター駆動で調整可能なほか，後者ではランプユニットを前後左右（x-y 方向）にも調整可能としてある。構造はシンプルであるが，工夫次第で応用の幅が広い装置である。一方，この加熱方法の欠点は，アーク溶解ほどではないが急冷に近い降温条件になることと，加熱中の試

料の実温度を測定するのが困難な点である。また，超高温加熱の際には試料表面からの蒸発成分が石英製ベルジャー内面に付着し，ランプ光が次第に遮られるようになるので，長時間加熱には適さない。

　以上の模擬燃料デブリの作製方法のうち，電気炉による（U, Zr）O_2 ペレットの焼結，アーク溶解，集光加熱について，設備・装置の外観と，加熱前後試料の外観例を図3.4に示す。

3.2.2　生成相・組織の例
(1) 圧力容器内の燃料デブリ

　まず，焼結法で作製した（U, Zr）O_2 ペレット断面の SEM による組織観察像の例を図3.5に示す［13］。観察像（a）は希土類酸化物（Gd_2O_3 + Nd_2O_3）を添加し Ar 中1730℃で焼結したものであるが，UO_2-ZrO_2 疑二元系状態図にしたがい，U 濃度がやや高い立方晶の母相と Zr 濃度の高い正方晶（＋単斜晶）に分離し，後者は画像中の暗相として島状に分散している。図中に示した明相（母相）と暗相の元素組成は，エネルギー分散型 X 線分析（EDS）により簡易定量した平均的な値であるが，各相内で完全均質ではなく，測定点により若干の濃度勾配がある。なお，希土類酸化物

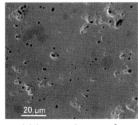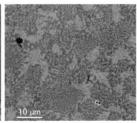

(a)（U, Zr, RE）O_2, 1730℃
混合組成：U/Zr/RE＝47/50/3
明相：50/47/3
暗相：18/81/1(at%)

(b)（U, Zr, RE）O_2, 1600℃
混合組成：U/Zr/RE/Re
＝44.7/47.5/2.8/5.0
明相：80/15/4/1
暗相：24/69/1/6(at%)

図3.5　希土類（RE），Fe を添加した焼結法による（U, Zr）O_2 ペレット断面の組織観察像（二次電子像）

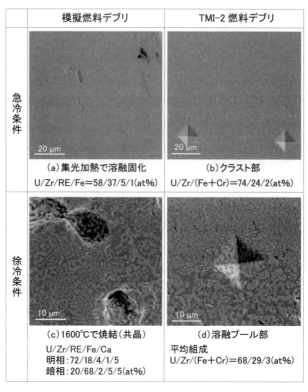

	模擬燃料デブリ	TMI-2 燃料デブリ
急冷条件	(a)集光加熱で溶融固化 U/Zr/RE/Fe＝58/37/5/1(at%)	(b)クラスト部 U/Zr/(Fe＋Cr)＝74/24/2(at%)
徐冷条件	(c)1600℃で焼結(共晶) U/Zr/RE/Fe/Ca 明相：72/18/4/1/5 暗相：20/68/2/5/5(at%)	(d)溶融プール部 平均組成 U/Zr/(Fe＋Cr)＝68/29/3(at%)

図 3.6　冷却条件による (U, Zr) O_2 凝固組織の比較 [13]

を添加していない場合でも同様の組織が得られる。観察像(b)は，このペ
レットを粉末化し，Fe_2O_3 粉末を 5mol%添加して再度 Ar 中 1600℃で焼結
したものであるが，(a)とはかなり異なり，明相と暗相がミクロに入り混
じった共晶組織になっている。ZrO_2-FeO_{1+x} 系と UO_2-FeO_{1+x} 系ともに Fe
リッチの領域で液相線温度が低いため，(U, Zr) O_2-FeO_{1+x} 系でも 1300℃
強から部分的に液相が生じる [14]。(b)の明相の U 濃度は，(a)に比べて
かなり高くなっている。保持温度が (a)より低いために固溶度ギャップが
広がったことも一因であるが，それに加えて Fe の固溶による固溶度ギャッ

プの拡大が推測される。

　次に（U, Zr）O_2 凝固組織への冷却条件の影響について説明する。図 3.6 は模擬燃料デブリと TMI-2 の燃料デブリの（U, Zr）O_2 の観察像を比較したものである［13］。後者の画像中のピラミッド型の窪みは，マイクロビッカース硬度計で微小硬さを測定した際の圧痕である。同文献には種々の TMI-2 燃料デブリの外観写真が掲載されているので参照いただきたい。急冷凝固組織として，画像（a）は焼結した（U, Zr, RE, Fe）O_2（二相に分離，RE は Gd + Nd）を粉末化して再成型し，集光加熱により Ar 気流中で上側 1/3 程度を液相化して急冷した部分，画像（b）は TMI-2 の上部クラスト（溶融プールを包んでいた外側の殻の部分）付近から採取された岩石状の溶融固化物である。どちらも Fe あるいは Fe + Cr を 1 〜 2at%含有しているが，均質な立方晶単相組織が観察されており，高温の全率固溶領域の状態が急冷により保持されている。このとき，固溶限を超える Fe（ + Cr）は酸化物として析出すると推測される。一方，徐冷条件として，画像（c）は図 3.5（a）のペレット粉末に Fe_2O_3 と CaO を各 5mol%添加して Ar 中 1600℃で焼結したもの，画像（d）は TMI-2 の溶融プール部から採取された岩石状の溶融固化物である。どちらも Fe あるいは Fe + Cr を固溶しており，図 3.5（b）と類似した二相分離組織となっている。すなわち，溶融プール内部の断熱された領域では，ゆっくり冷える過程で状態図にしたがい立方晶単相から拡散により二相に分離する。このとき，組織観察像の特徴から Fe 濃度の低い U リッチ相が先に析出し，Fe 濃度の高い Zr リッチ相がやや遅れて凝固したと考えられる。なお，画像（c）の暗相には，希土類，Fe，Ca が合わせて 12at%固溶しているので，本来の正方晶ではなく立方晶に安定化されており，U/Zr 比の異なる二相の立方晶共存となっている。

　UO_2 は温度と雰囲気中の酸素分圧（酸素ポテンシャル）に応じて UO_{2+x}（x < 0.25）で表される酸素の不定比領域を持つ。筆者は，（U, Zr）O_2 の酸化挙動を調べるため，ペレットを空気中及び Ar − 0.1% O_2 混合ガス（酸素分圧 $pO_2 = 1 \times 10^{-3}$atm）中 1000℃，1400℃で長時間保持して重量変化

測定とX線回折測定を行った。上記の混合ガスは，1400℃で1気圧の水蒸気中の平衡酸素分圧におよそ相当する。Zrの酸化状態がZr(IV)で一定であると仮定すると，(U, Zr)O_{2+x}中のO/U比は同じ酸素ポテンシャル条件下の単独のUO_{2+x}と同じ値を示すことが分かった。一方，単独のUO_{2+x}が高温で不定比領域を超えて酸化すると斜方晶のU_3O_8となるが，(U, Zr)O_{2+x}の場合には，U_3O_8に加えて種々のU/Zr原子比の斜方晶系のU(V)-Zr-O複合酸化物が生じることが分かっている[15]。実際の燃料デブリでこのような相が生じているかは現状で分からないが，凝固した(U, Zr)O_2が1000℃前後の水蒸気に長時間曝されていた場合には，塊の表面に薄く生成している可能性がある。

　BWRが炉心溶融した場合，炉心の金属融体の主要元素はFe-Cr-Ni-Si-Zr-Sn-(U)-B-C系であり，これが凝固する際に，Bは先ずZrB_2として析出，Cは主にZrCとして析出，なおかつ余剰のBがあれば(Fe, Cr)$_2$Bや(Cr, Fe)B等のFe-Cr系ホウ化物として合金中に析出することが，アーク溶解による炉心の模擬燃料デブリの作製・分析と熱力学的平衡計算により示されている[16]。金属中に十分なZrが含まれていたと仮定して，金属の固相はFe_2Zr型金属間化合物（Laves相の一種）である(Fe, Cr, Ni)$_2$Zrが熱力学的に安定であり，残ったFe-Cr-Ni-Si系でオーステナイト系の面心立方晶やフェライト系の体心立方晶の合金が生成する。これらの金属由来の生成物が高温水蒸気に長時間曝された場合，金属中のZrを含んだ相（Fe_2Zr型金属間化合物とZrB_2）が酸化しやすく，酸化したZrは(U, Zr)O_2側に移行する。このときZrB_2から遊離したBは，例えば前述のAr-0.1%O_2混合ガス気流中1500℃で10時間保持した際には，合金中のFe及びCrとホウ化物を形成し，ZrB_2よりも酸化に対して比較的安定であることが確認されている[16]。溶融凝固した金属部分のミクロ組織の例については同文献を参照いただきたい。

（2）MCCI生成物
　フランス原子力代替エネルギー庁（CEA）で行われた大規模MCCI試

表3.1　MCCI模擬試験時の原料混合組成（wt%）[18,19]

試料	A	B	C
$U_{0.5}Zr_{0.5}O_2$	39	39	58
$GdO_{1.5}$	1	1	2
SUS316L	10	34	–
Zr	30	6	–
コンクリート	20	20	40
加熱手法	アーク溶解		集光加熱

験（VULCANO）では，数十 kg 規模の炉心成分を高周波加熱により溶融し，コンクリート上に流下させてMCCI時の侵食挙動が調べられている。この一連の試験のうち，コンクリート成分が 1F の条件に比較的近いものを選び，反応部分の試料を採取してミクロ組織や生成相の分析が行われているので文献［17］を参照いただきたい。ここでは，実験室において数 g 規模でアーク溶解または集光加熱により作製した，炉心の金属成分，酸化物成分及びコンクリートが完全に液相化する状況を想定した模擬試料中の組織や生成相の例について紹介する。

　3.1.2項で述べたようにMCCI時の主な酸化剤は高温のコンクリートから放出される水分であり，還元剤は金属融体中の Zr である。したがって，溶融固化を経た MCCI 生成物の金属部分と酸化物部分に形成される化合物（相）とその元素組成の傾向は，生じた液相中のコンクリートと金属 Zr の重量比（コンクリート /Zr）によって大まかに整理することができる。これまでに多種多様な原料組成で溶融固化試験を行ってきたが，比較的単純な原料構成の 3 例［18, 19］について，成型体の混合重量組成を表 3.1 に示す。試料 A と B は，金属成分の合計は同じ 40wt% であるが，Zr の含有率を大きく変えてアーク溶解したもの，試料 C は酸化物成分のみを集光加熱により W るつぼ内で Ar 気流中全量溶融したものである。

　上記 3 種類の試料について，光学顕微鏡による試料断面全体像を図 3.7 に示す。試料 A と B はアーク溶解により液相化している時点で酸化物融体

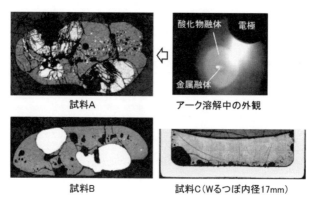

試料A　　　　　　　アーク溶解中の外観

酸化物融体　電極

金属融体

試料B　　　　　　試料C（Wるつぼ内径17mm）

図 3.7　MCCI 模擬試料の断面全体像 ［18,19］

と金属融体に分離し，両者の界面で酸化還元により金属元素をやりとりしつつ，固化時には複数個の比較的マクロな粒状になっている（画像中白色部分）。試料 C は酸化物成分のみなので，集光加熱中にはるつぼ内壁直近の領域を除いてほぼ均質な (U, Zr)O$_2$- コンクリート系の液相となっていたが，るつぼ内壁付近には粘性のため溶融中に外部に抜けきれなかったガスが気泡として残存している。

　酸化物部分と金属部分（A，B のみ）の SEM による代表的な組織観察像を図 3.8 に示す。溶融したコンクリートはケイ酸ガラスとなるが，試料Aではかなり多くの金属 Zr が含まれるため，コンクリート中の SiO$_2$ は全て還元され，合金側へ移行した極端な例である。その結果，酸化物部分には凝固した (U, Zr)O$_2$ の狭い粒間に Al と Ca からなる非晶質の酸化物が形成している。また，コンクリート主成分の SiO$_2$ が還元されたことにより CaO が (U, Zr)O$_2$ 側へ移行しやすい状態となり，(U, Zr)O$_2$ 中の Ca 固溶濃度が高い傾向にある。金属部分には多くの Si が移行したため，この試料の場合には FeSiZr 型（1/1/1）に相当する (Fe, Cr, Ni)-Si-Zr 系金属間化合物が主要な相として画像では鱗状に，実際には画像に垂直な方向に長い棒状の結晶として析出している。その間隙には種々の組成の (Fe, Cr, Ni,

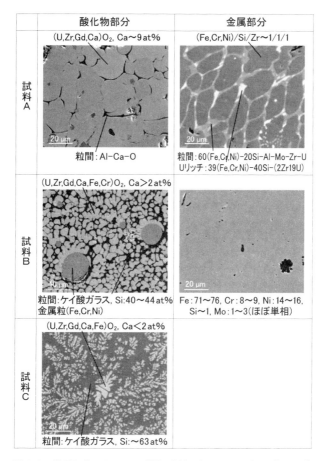

	酸化物部分	金属部分
試料A	(U,Zr,Gd,Ca)O₂, Ca〜9at% 粒間：Al-Ca-O	(Fe,Cr,Ni)/Si/Zr〜1/1/1 粒間：60(Fe,Cr,Ni)-20Si-Al-Mo-Zr-U Uリッチ：39(Fe,Cr,Ni)-40Si-(2Zr19U)
試料B	(U,Zr,Gd,Ca,Fe,Cr)O₂, Ca＞2at% 粒間：ケイ酸ガラス, Si:40〜44at% 金属粒(Fe,Cr,Ni)	Fe:71〜76, Cr:8〜9, Ni:14〜16, Si〜1, Mo:1〜3(ほぼ単相)
試料C	(U,Zr,Gd,Ca,Fe)O₂, Ca＜2at% 粒間：ケイ酸ガラス, Si:〜63at%	

図 3.8　溶融固化した MCCI 模擬試料の断面組織観察像 [18, 19]
（EDS 簡易定量分析による金属元素組成数値は at%）

Si, Mo, Al, Zr, U）合金や，白色部は Fe_2Si_2U 型金属間化合物に相当すると推測される U リッチな相も点在して見られる。このケースでは B_4C を添加していないが，有意な量の B_4C が酸化せずに残存していれば，圧力容器内の場合と同様に ZrB_2 や（Fe, Cr）系ホウ化物が金属部分に析出する。

試料 B は加熱前の金属 Zr 含有率が低いため，SiO_2 が少量還元されてい

53

るものの，酸化物部分はケイ酸ガラス中に $(U, Zr)O_2$ が粒子状に析出した組織となっている。上述の還元条件に比べて $(U, Zr)O_2$ に固溶する Ca 濃度は低い。金属 Zr は SiO_2 を還元したことと水分による酸化で全て $(U, Zr)O_2$ へ移行している。また，ステンレス鋼中の Cr の一部が水分によって酸化し，ケイ酸ガラス側に移行したため，金属部分は Cr 濃度が低めであるものの，オーステナイト系の面心立方晶のほぼ単相の合金を形成している。

試料 A と B に比べて，C では $(U, Zr)O_2$ に対するコンクリートの比率が高いため，ケイ酸ガラス中の $(U, Zr)O_2$ の析出は疎であり，析出サイズも細かく，幾分デンドライト的な析出組織を示している。$(U, Zr)O_2$ 中の Ca 固溶濃度は，試料 B よりもさらに幾分低い。金属 Zr による SiO_2 還元がないため，ケイ酸ガラス中の Si 濃度は試料 B より高い値となっている。試料 B と C のケイ酸ガラス中には，元のコンクリート構成元素以外に，炉心材料側から鋼材が酸化した Cr と Fe，燃料棒由来の Zr（〜 4at%），U（1 〜 2at%），微量の RE が溶解している。コンクリート片上に炉心成分混合物成型体を置き，これを集光加熱で溶融した場合にはコンクリートから多量の水分が放出されるため，試料 B よりさらに金属成分の酸化が進み，ステンレス鋼中の Cr と Fe の大部分が酸化して Ni を主成分とした合金粒だけが残るような状況となる。このような場合，ケイ酸ガラス中の Fe と Cr の溶解度を超え，$FeCr_2O_4$ スピネル結晶が析出することを確認した。

以上の試料 A 〜 C の作製時には急冷条件となるため，固化した $(U, Zr)O_2$ の組成は Zr 濃度が高いにも関わらず，いずれも立方晶単相であった。X 線回折測定で解析した格子定数を，簡易定量分析でもとめた $Zr/(U + Zr)$ 比に対してプロットし，UO_2 と CaO 安定化立方晶 ZrO_2 [20] の格子定数で Vegard 則を仮定した直線との比較を図 3.9 に示す [19]。いずれの試料も格子定数は仮定した Vegard 則とよく一致しており，Zr 含有率増大に対して直線的に低下することが確認された。アーク溶解で作製した，ケイ酸ガラス中に立方晶単相の $(U, Zr, RE, Ca)O_2$ が析出している B に類似の別の試料に関して，Ar-0.1% O_2 気流中 1400℃（ガラスは液相化）で 18 時間焼鈍したところ，ガラス中であっても U 濃度の高い立方晶と Zr 濃度の高

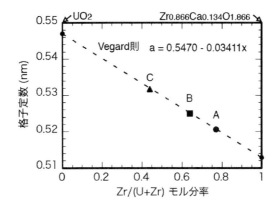

図 3.9　溶融固化試料中の（U, Zr, RE, Ca）O_2 の格子定数と
Zr 含有率の関係（記号 A ～ C は図 3.8 に対応）[19]

い正方晶がミクロに入り混じった組織に変化することを確認した。MCCI
生成物の堆積物内部の高温になる部分では，急冷となるような状況は考え
にくいので，（U, Zr）O_2 はケイ酸ガラス中で二相に分離した組織になると
推測される。

　MCCI で溶融固化物が生じる際の酸化 / 還元条件に応じた生成相の傾向
を，溶融範囲内の初期のコンクリート / 金属 Zr 比に対して模式的に表した
ものを図 3.10 に示す。図中，左側は金属 Zr 比率の高い還元側条件，右側
はコンクリートが多く金属 Zr が少ないまたは存在しない酸化側条件とな
る。（U, Zr, RE, Ca）O_2 は，先述の通り還元側ほど Ca 固溶濃度が高くなる
傾向があり，酸化側条件では Fe, Cr, Mg, Al 等の元素が微量固溶するよ
うになる。ケイ酸ガラスは，還元側の極端な条件で SiO_2 が全て還元され
Al-Ca-O 系酸化物になる実験結果を示したが，実際の MCCI ではそのよう
な状況は想定できず，SiO_2 を主成分としたケイ酸ガラスの形成が支配的
となろう。同様な推測から，金属は主にステンレス鋼成分からなる合金が
支配的と考えられ，酸化の程度によっては Cr が大部分酸化され Fe-Ni を
主成分とした合金の可能性もある。

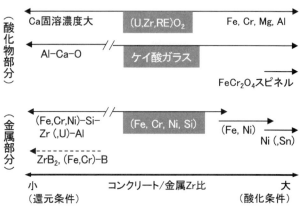

図 3.10　MCCI の溶融反応に関与するコンクリート /
金属 Zr 比で整理した生成相の傾向

3.3　高揮発性元素と構造材との反応

　1F 廃炉作業を進める上で，燃料デブリへのアクセスの障害となっている原子炉建屋内の高放射線量は，主に FP によるものであり，その中でも Cs が主要な元素の一つである。^{134}Cs（半減期 2 年）と ^{137}Cs（同 30 年）は β 崩壊により Ba の安定同位体となるが，600 ～ 800 keV の高エネルギー γ 線を放出する。使用済燃料集合体を試験する際に厚さ約 1m の重コンクリート遮蔽のホットセル設備を用いるのはこのためである。1F 事故から 10 年以上が経過し，^{134}Cs の放射線量への寄与はだいぶ低下したものの，依然として ^{137}Cs は主要な線源である（660 keV の γ 線）。

　Cs はヨウ素（I）と並び揮発性の高い元素であり，炉心の事故進展時に燃料被覆管が破損して燃料デブリが形成されていく過程で大部分が燃料から気相で放出され，種々の化学形を変遷しながら低温になっても微細なエアロゾルを形成し，一部は原子炉建屋外の環境中に放出される。森林や土壌の汚染源となるほか，1F 事故後に福島県内外で放射性 Cs を含有した微小粒子（いわゆる "Cs ボール"）が発見され，分析によりその生成起源が議論されている。

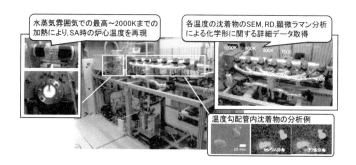

図3.11　FP移行挙動試験装置TeRRaの外観

　1F事故後のシビアアクシデント（SA）解析コードによる当初のCs放出量予想に反して，非常に多くのCsが圧力容器や格納容器内に残存していると見られ，鋼材やコンクリート等の構造材表面とCs蒸気種が反応してトラップ（化学吸着）されていると推測される。それらの化学形や性状（安定温度領域，水溶性か否か等）を明らかにすることが廃炉を進める上で重要である。また，現状のSA解析コードにおけるCs放出モデルは比較的簡易なものとなっているが，Csの関与する種々の化学反応を明らかにし，平衡論だけでなく反応速度論も記述することで，SA解析コードのモデルをより実際に即した高度なものに改良可能となる。このような背景から，原子力機構原子力科学研究所では1F事故以降，"Cs化学（Cs chemistry）"と称する一連の実験及び解析からなる研究を行っている。具体的には，従来は断片的にしかなかった構造材とCs蒸気種の化学反応・移行挙動の知見を，TeRRa（Test-bench for FP Release and Transport，図3.11参照）を始めとする特殊な加熱装置群を用いて系統的に取得するとともに，解析した種々の化学反応の速度定数，要素過程モデル，熱力学データを核分裂生成物化学挙動データベースECUME（エキューム）[21]に取りまとめている。

　事故進展中の高温水蒸気雰囲気中では，燃料から放出されたCsは気相

の CsOH が比較的安定な化学形である。そこで，電気炉の炉心管に水蒸気を添加した Ar-5% H_2 気流を導入し，CsOH・H_2O 粉末を加熱して CsOH 蒸気を発生させ，下流側の所定の温度に制御した部位にステンレス鋼やコンクリート等の試験片を配置し，一定時間反応させる。これを取り出して表面を分析することで Cs との反応生成物が調べられている。SUS304 表面での反応生成物の一例として，従来から知られていた Cs-Fe-O（$CsFeO_2$）系及び Cs-Si-O 系（$Cs_2Si_2O_5$，$Cs_2Si_4O_9$）の複合酸化物に加えて，800 〜 1000℃の高温領域で $CsFeSiO_4$ の生成が確認された［22］。また，関連する一連の新知見を基に，SUS304 表面への CsOH 化学吸着モデルが改良され［23］，ECUME に反映されている。

一方，格納容器の床，ペデスタル，圧力容器上方のシールドプラグにはコンクリートが大量に使用されている。コンクリート表面での CsOH との反応生成物として，室温から 600℃程度までは $CaCO_3$ との置換反応により水溶性の Cs_2CO_3・$3H_2O$ が生じるとともに，200℃程度から 800℃程度までの温度領域でケイ酸塩との反応により不溶性の $CsAlSiO_4$ が生じることが分かっている［24］。一方，格納容器内の配管の断熱材には，多孔質のケイ酸カルシウム（アルミナ含有）が使用されており，CsOH との高温反応生成物を調べた結果，コンクリートと同様に $CsAlSiO_4$ が高温まで最も安定な生成物であることが分かり［25］，温度や雰囲気中の H_2/H_2O 比をパラメータとした生成物の熱力学的な解析も行われている［26］。

さらに，燃料から放出され，未酸化のまま低温部の SUS304L に凝集した CsI を想定し，これが再び高温になった際の Cs と I の再蒸発挙動についても実験により調べられ，熱力学的解析が行われている［27］。制御材の B_4C が酸化して，水蒸気中に H-B-O 系のガスとして存在していた場合，CsI と反応して Cs-B-O 系の複合酸化物が生成し，遊離した I が HI ガスとなるため，B が存在しない場合に比べてヨウ素のガス種の放出量が格段に高まる可能性が指摘されている。これらの反応の平衡定数が解析され，ECUME に記述されている。

以上，炉心溶融事故時の Cs の挙動を中心に，1F 事故以降の新しい研究

成果の一例を紹介した。既存の SA 解析コードに，ECUME で記述された
モデルやデータを反映することで，事故時の FP 放出挙動の解析がより高
精度になることが期待される。なお，本項で触れた内容以外にも "Cs 化
学" 全般について詳細にレビューされた論文 [28] や，Cs 以外の FP 全般
についてまとめられた報告書 [29] も参照されたい。

参考文献

[1] H. Okamoto Ed., Desk Handbook Phase Diagrams for Binary Alloys, ASM International, (2000).

[2] 財団法人原子力安全研究協会，実務テキストシリーズ No.3，軽水炉燃料のふるま
　　い，平成 10 年，p.368.

[3] P. Hofmann, D. Kerwin-Peck, "UO_2/Zircaloy-4 chemical interactions from 1000 to 1700°C under isothermal and transient temperature conditions," J. Nucl. Mater., 124 (1984) 80-105.

[4] I. Cohen, B.E. Schaner, A metallographic and X-ray study of the UO_2-ZrO_2 system, J. Nucl. Mater., 9 (1963) 18-52.

[5] J.M. Broughton, P. Kuan, D.A. Petti, E.L. Tolman, "A scenario of the Three Mile Island unit 2 accident," Nucl. Technol. 87 (1989) 34-53.

[6] P.Y. Chevalier, "Thermodynamical calculation of phase equilibria in a quinary oxide system Al_2O_3-CaO-SiO_2-UO_2-ZrO_2: Determination of liquidus and solidus temperatures of some selected mixtures," J. Nucl. Mater., 186 (1992) 212-215.

[7] Yu.B. Petrov, Yu.P. Udalov, J. Subrt et al., "Behavior of melts in the UO_2-SiO_2 system in the liquid-liquid phase separation region," Glass Phys. Chem., 35 (2009) 199-204.

[8] W.C. Butterman, W.R. Foster, Zircon stability and the ZrO_2-SiO_2 phase diagram, The American Mineralogist, 52 (1967) 880-885.

[9] I. Barin Ed., "Thermochemical Data of Pure Substances", Third Edition, vol.I&II, VCH, (1995).

[10] T.B. Lindemer, T.M. Besmann, "Chemical thermodynamic representation of $<UO_{2\pm x}>$," J. Nucl. Mater., 130 (1985) 473-488.

[11] A. Quaini, C. Guéneau, S. Gossé, N. Dupin et al., "Contribution to the thermodynamic description of the corium - The U-Zr-O system," J. Nucl. Mater., 501 (2018) 104-131.

[12] S. Kawano, T. Hayashi, Y. Morishima, Y. Takahashi, M. Toyohara, V. Baklanov, A. A. Kolodeshinikov, V. A. Zuev, "CHARACTERIZATION OF FUEL DEBRIS BY LARGE-SCALE SIMULATED DEBRIS EXAMINATION FOR FUKUSHIMA DAIICHI NUCLEAR POWER STATIONS", Proc. Int. Congress on Advances in Nuclear Power Plants, 2017, April 24-28, Fukui and Kyoto, Japan, 17103.

[13] M. Takano, A. Onozawa, M. Suzuki, H. Obata, Revisiting the TMI-2 core melt specimens to verify the simulated corium for Fukushima Daiichi NPS, HOTLAB 2017, Sept.17-22,

Mito, Japan, slide file available online ; https://hotlab.sckcen.be/proceeding/1333/attachment/0

[14] V.I. Almjashev, M. Barrachin, S.V. Bechta, D. Bottomley et al., "Phase equilibria in the FeO_{1+x}-UO_2-ZrO_2 system in the FeO_{1+x}-enrichied domain," J. Nucl. Mater., 400 (2010) 119-126.

[15] M. Takano, T. Nishi, High temperature reaction between sea salt deposit and $(U,Zr)O_2$ simulated corium debris, J. Nucl. Mater., 443 (2013) 32-39.

[16] M. Takano, T. Nishi, N. Shirasu, "Characterization of solidified melt among materials of UO_2 fuel and B_4C control blade," J. Nucl. Sci. Technol., 51 (2014) 859-875.

[17] L. Brissonneau, H. Ikeuchi, P. Piluso, J. Gousseau et al., Material characterization of the VULCANO corium concrete interaction test with concrete representative of Fukushima Daiichi Nuclear Plants, J. Nucl. Mater, 528 (2020) 151860.

[18] JAEA 廃炉環境国際共同研究センター，日立 GE ニュークリア・エナジー，「燃料デブリ取出しに伴い発生する廃棄物のフッ化技術を用いた分別方法の研究－令和元年度英知を結集した原子力科学技術・人材育成推進事業－」，JAEA-Review 2020-034，2021 年 1 月，3.3 節．

[19] JAEA 廃炉環境国際共同研究センター，日立 GE ニュークリア・エナジー，「燃料デブリ取出しに伴い発生する廃棄物のフッ化技術を用いた分別方法の研究－令和 2 年度英知を結集した原子力科学技術・人材育成推進事業－」，JAEA-Review 2022-003，2022 年 6 月，3.3 節．

[20] ICDD (International Center for Diffraction Data), Powder Diffraction File, 01-077-2285.

[21] Development Group for LWR Advanced Technology, "Fission Product Chemistry Database ECUME Version 1.1," JAEA Data/Code 2019-017, Mar. 2020.

[22] F.G. Di Lemma, K. Nakajima et al., "Surface analyses of cesium hydroxide chemisorbed onto type 304 stainless steel," Nucl. Eng. Design, 305 (2016) 411-420.

[23] K. Nakajima, S. Nishioka, E. Suzuki, M. Osaka, "Study on chemisorption model of cesium hydroxide onto stainless steel type 304," Mechanical Engineering Journal, 7 (3) (2020) paper No. 19-00564 (14 pages).

[24] Vu Nhut Luu, K. Nakajima, "Study on cesium compound formation by chemical interaction of CsOH and concrete at elevated temperatures", J. Nucl. Sci. Technol., (2022) DOI: 10.1080/00223131.2022.2089263.

[25] M. Rizaal, K. Nakajima, T. Saito et al., "Investigation of high-temperature chemical interaction of calcium silicate insulation and cesium hydroxide," J. Nucl. Sci. Technol., 57 (2020) 1062-1073.

[26] M. Rizaal, K. Nakajima, T. Saito et al., "High-temperature gaseous reaction of cesium with siliceous thermal insulation : The potential implication to the provenance of enigmatic Fukushima cesium-bearing material," ACS Omega, 7 (2022) 29326-29336.

[27] M. Rizaal, S. Miwa, E. Suzuki et al., Revaporization behavior of cesium and iodine compounds from their deposits in the steam-boron atmosphere, ACS Omega, 6 (2021) 32695-32708.

[28] M. Osaka, M. Gouëllo, K. Nakajima, "Cesium chemistry in the LWR severe accident and

towards the decommissioning of Fukushima Daiichi Nuclear Power Station," J. Nucl. Sci. Technol., 59 (2022) 292 -305.

[29] 日本原子力学会「シビアアクシデント時の核分裂生成物挙動」研究専門委員会報告書，2021 年 5 月.

第4章　燃料デブリからの核種の溶出挙動

4.1　はじめに

　燃料デブリは使用中であった核燃料がメルトダウンし燃料の被覆管や原子炉の構造材，さらにはコンクリート等と混ざり一部は化学反応して出来上がった物質である。当然，核燃料物質であるウランやプルトニウムに加え，非常に多くの核分裂生成物（FP）やマイナーアクチノイドといった放射性核種を含有している。使用済核燃料は含まれる放射性核種の壊変に伴い発熱するため，通常の運転時でも使用後数年間水冷もしくは空冷方式での冷却が必要となる。同様にメルトダウンした燃料を含む燃料デブリも発熱している事から，現在でも事故を起こした1～3号機炉内に水を注水する循環注水冷却が継続されている。炉内で冷却水と燃料デブリが接触する際，デブリ中の放射性核種の一部が水に溶けだしている可能性が有り，汚染水の発生源の一つと考えられている。デブリに含まれる放射性核種には水への溶解性の高い Cs や Sr といったアルカリ金属，アルカリ土類金属核種やアニオンを形成する I といった核種から，比較的難溶性と見られるランタノイドやアクチノイドといった核種群まで化学的性質の異なる多種の放射性核種が含まれている。これらの核種は放射性壊変の形式や放射性物質としての半減期が異なり，毒性も大きく異なる。1F 事故以前の知見では，"健全な"使用済燃料から水に溶出する核種の種類・量・化学状態といった溶出挙動に関する検討は国内外で行われていたものの，燃料デブリを対象としたこのような知見は非常に限られていた。廃炉作業完了まで，今後も長く続くとみられる汚染水の処理や汚染水二次廃棄物の処理処分，さらにデブリ取り出し後の管理などを進めるうえで，汚染発生源の中心の一つである燃料デブリから冷却水への放射性核種の溶出挙動の理解は非常に重要である。

　そこで，本章では燃料デブリからの核種の溶出挙動についてこれまでに得られている知見について概要を説明する。なお，燃料デブリは使用済核燃料同様，非常に高線量の放射線を放出しており，この放射線が周囲の

水の放射線分解を引き起す。この分解生成物が燃料デブリの変質を誘起し，核種の溶出に影響を及ぼす事も考えられているが，この放射線によるデブリの化学変化の影響は第6章（燃料デブリの放射線化学）で別途詳しく述べる。

4.2 核分裂生成物の溶出挙動

1Fの炉内冷却水は，使用済燃料および燃料デブリ由来の非常に高い放射能を有する核分裂生成物で汚染している。この冷却水は，注入初期の海水や，その後の淡水のほか，原子炉建屋下部からの地下水の混合など，水質（陽イオン，陰イオンの種類や濃度）は時系列で様々である。実際，原子炉建屋とタービン建屋の溜まり水の海水成分の指標である塩化物イオン濃度が時間とともに減少し，事故後1年以内に淡水系へと希釈変化している [1]。事故後早期に採取された汚染水中の放射性核種は，^{134}Cs, ^{137}Cs, ^{131}I が支配的で，^{89}Sr, ^{90}Sr, ^{140}Ba/^{140}La 等も検出された [2]。事故初期の燃料デブリ表面や揮発した放射性核種の水への溶解を示す貴重なデータである。その後，^{134}Cs と ^{137}Cs の水中濃度は減少するものの，減少の度合いは緩やかになっていくことから，建屋内部に滞留する汚染水の希釈効果と，破損した使用済燃料や燃料デブリと新たな冷却水との接触による放射性核種の溶出効果の2種類の持続的な反応が寄与しているとの見解も示されている [3]。こうした分析データを含む様々な情報をもとに，放射性核種の物質収支が議論されており，燃料中の ^{137}Cs の約4割が事故後3年で放出あるいは溶出したとの推定もある [4]。

シビアアクシデント時に炉内燃料が燃料デブリへと変化する際，その相状態は，材料組成，温度，雰囲気により大きく異なる。燃料デブリ中に在る核分裂生成物の状態も多様と考えられることから，天然ウランを含む模擬デブリに核分裂生成物を様々な手法で導入し，その溶出挙動やメカニズムを評価する試みがなされている。本節では，模擬デブリ試料に核分裂生成物を導入する方法として，熱中性子照射法とドーピング法を紹介する。模擬デブリ試料の研究用原子炉（例えば，京都大学 KUR）を用いた中性

子照射の詳細な手順は，「ウランの化学（II）」第15章を参照されたい [5]。照射後の試料に生成した ^{235}U の核分裂生成物のインベントリ放射能（$A_{i,M}$）は Ge 半導体検出器で測定し，ウラン濃度は ICP-MS により測定できる。検出された核分裂生成物は4価遷移金属 ^{95}Zr，ハロゲン ^{131}I，アルカリ金属 ^{137}Cs，アルカリ土類金属 ^{140}Ba，希土類元素 ^{141}Ce，そして ^{103}Ru などの γ 線放出核種であり，いずれも短くとも数日以上の半減期を有することから，所定期間の浸漬実験によりこれらの溶出挙動を評価しうる。なお，超ウラン元素である ^{239}Np が ^{238}U の中性子捕獲反応を経て生成することも知られている。

　浸漬実験は照射済の模擬デブリ試料を，純水，淡水，模擬海水など，実燃料デブリの冷却水や地下処分環境を想定した水に浸漬し，数日から1年程度経た後，浸漬水中の核分裂生成物 M の放射能濃度 $A_{dis,M}$ を実測する。溶出（溶解）挙動の評価には，溶出率 $r_M = A_{dis,M} / A_{i,M}$ を用いる（生成した核分裂生成物が全て溶出すれば $r_M = 1$）。なお，短半減期核種の場合，浸漬期間中にも壊変することから，測定放射能濃度について半減期補正を行う必要があるだろう。ここで，模擬デブリ試料ごとの性状，例えば粒径や比表面積が異なることが考えられる。その場合，核分裂生成物の溶出のしやすさを相互に比較することは難しいが，模擬デブリの主要元素であるウランの溶出率（r_U）を基準に考えることができる。このときある核分裂生成物 M のウラン規格化溶出率 R_M は，$R_M = r_M / r_U$ で定義される。つまり，M と U が調和的に溶出するとき R_M は1で，$R_M > 1$ および < 1 では核分裂生成物および U がそれぞれ優先的に溶出することを意味する。

　核分裂生成物の水への溶解性の違いは，主固相であるウラン化合物の相状態に依存する。使用済燃料の主固相である UO_2 と，シビアアクシデント時に UO_2 が空気に触れ，ウランが酸化するシナリオを想定した八酸化三ウラン U_3O_8 の溶解性は大きく異なる [6]。UO_2 と U_3O_8 ではウランの価数が異なり，それは例えば，大気雰囲気下の水への溶解性の違いに現れる。燃料デブリとして想定される固溶体 $(U, Zr)O_2$ のウランも UO_2

表 4.1　対象核種および熱中性子照射法とドーピング法の特徴

元素例	主な価数		熱中性子照射法	ドーピング法
	固相	液相		
U	+ 4/5/6	+ 4/6	天然ウラン	劣化ウランも可
Cs	+ 1	+ 1	Cs-137（30 年）[1]	○[2]
Sr	+ 2	+ 2	－	
Ba	+ 2	+ 2	Ba-140（13 日）	
Nd	+ 3	+ 3	Nd-147（11 日）	
Eu	+ 2/3	+ 2/3	－	
Ce	+ 4	+ 3/4	Ce-141（33 日）	
Zr	+ 4	+ 4	Zr-95（64 日）	
Ru	+ 4	+ 4 ?	Ru-103（39 日）	
I	－ 1	－ 1 ?	I-131（8 日）	
特徴	量		トレーサー量	実 FP 濃度%
	定量法		γ 線放射能	ICP-MS
	浸漬期間		半減期に依存	より長期が可能
	FP の状態		ウラン化合物生成後に FP 生成	化合物加熱時に FP 添加
	その他		$\beta \cdot \gamma$ 線の被ばく 研究用原子炉利用	加熱による揮発

[1]　括弧内は半減期を表す
[2]　全ての元素を非放射性元素として添加可能。但し，海水（模擬海水を含む）を用いる浸漬
　　実験はその影響に留意が必要。

と同様水に溶けにくい物質である。このとき核分裂生成物の溶解性にも影響が及ぶ。UO_2 や（U, Zr）O_2 中の Cs, I, Ba は U より優先的に溶出する（$R_M > 1$）。特に Zr を含む固溶体からの 4 価ウランの酸化溶解は遅く，これら核分裂生成物が固相表面から優先的に溶離したことが示唆されている。一方，U_3O_8 に含まれる 5, 6 価ウランの n_U で規格化した R_M はより 1 に近いことから，水溶性の Cs, I, Ba は U と調和溶解に近い挙動を示す。また，模擬デブリ中に生成した高酸化数の Ce, Zr は難溶性であり，UO_2 や U_3O_8 の U に比べて殆ど溶出しない（R_{Ce}, $R_{Zr} \ll 1$）。さらに，Ru は UO_2 では U と調和溶解の傾向にあるが，U_3O_8 では R_{Ru} が低いことから，固相内で異なる化学状態となっていると考えられる。

　以上，熱中性子照射法での核種の溶出挙動の評価方法は，天然ウランに含まれる ^{235}U の核分裂反応で生じる核分裂生成物（の放射能）を利用するものである。研究用実験炉を用いてウラン試料に照射する時間で生成する核分裂生成物の量はトレーサーレベルであり，商用炉の使用済燃料中のそれより大幅に少ないものの，酸化状態や結晶構造の異なるウラン化合物の溶解性との対比において，多くの知見を与えてくれる。

　浸漬に用いる模擬デブリのもう一つの調製方法は，使用済燃料における核分裂生成物の含有比に近い状態での溶解挙動の評価である。模擬の核分裂生成物として微量の非放射性元素を添加し，電気炉で調製することから，ここではドーピング法と称する。照射法とは逆に，注目元素をドーピング混合した後で加熱処理を行うことから，その違いが溶出挙動に及ぼす影響について留意する必要がある。特徴として，少量の浸漬液を用いてICP-MS 測定により安定同位体の溶出量を求めることができる。また照射法の浸漬試験では核種の減衰を考慮する必要があるのに対し，ドーピング法では長期にわたる溶出挙動の変化を検討できる利点を有する。

　UO_2，ジルコニウム金属，ステンレス鋼の混合粉末を用いて合金系模擬デブリ試料を合成するとき，加熱時の酸素ポテンシャル，温度，加熱時間により異なる化合物を形成する。以下，熱中性子照射法およびドーピング法による溶解挙動評価結果の一例を示す [7]。XRD スペクトル分析の結果，$1\,ppmO_2$ 雰囲気の低酸素ポテンシャル下で UO_2 相は 1200℃では変化しないが，1600℃ではジルコニウム金属が反応し，$(U, Zr)O_2$ 固溶体が形成される。一方，低酸素（2% O_2）雰囲気では，1200℃で U_3O_8 相，$(Fe, Cr)UO_4$ 相，Fe-Zr 合金相等の混合物となり，1600℃では $(U, Zr)O_{2+x}$ 固溶体が形成される。溶出率から，U はデブリや浸漬する水溶液の性状に依存し，Cs, Sr, Ba は主な固相に関係なく溶出する。多価イオンの Eu と Ru は，模擬デブリ中のウラン化合物と固溶反応するか，またはウラン化合物に取り込まれ，その溶出が抑制される。

　溶解は浸漬液性にも依存する。海水系でウランは，可溶性の炭酸ウラニル錯イオンが生成するため，見かけの U 濃度は浸漬時間とともに増加す

るが，純水系（NaClO$_4$）では時間に寄らずほぼ一定である。一方，U$_3$O$_8$と（Fe, Cr）UO$_4$の混合物からのウランの溶解は，UO$_2$からの酸化溶解よりも促進された。しかし，U$_3$O$_8$と（Fe, Cr）UO$_4$の生成比率はウランの溶解しやすさに有意な影響を与えない。したがって，この挙動が固相2成分の溶解特性の違いによるものか，酸化鉄などの2次鉱物の生成によるものか，まだ明らかでない。また，Csは固相の組成や性質に関わらずUよりも優先的に溶解し，上述のより単純なウラン酸化物系の挙動と一致した。これは，1Fの燃料デブリの冷却によって発生した汚染水のガンマ放射能がCsにより高いという事実を支持するものである。SrとBaは，熱中性子照射法とドーピング法の試料の化学組成に関係なく溶出した。さらに，EuとRuは価数が高いため，固相表面での加水分解反応等により溶解抑制され，模擬デブリ中のU化合物への取り込みと固溶反応による調和溶出が観察された。

　複数のU固相からなるMCCIデブリからの核種溶出試験ではウラン溶出率に明らかな固相依存性はみられなかったが，セメント成分の溶解により浸漬液のpHが上昇し，ウランなどの多価核種の加水分解反応やコロイド生成の促進が見られている [8]。

　このように核分裂生成物の溶出挙動は，ウランの化学状態や核分裂生成物の価数以外に，被覆管成分や原子炉構造材由来の合金相，コンクリート成分など燃料以外の成分に影響される可能性が示唆されてきた。一般に核種の溶解挙動は酸化数や結晶構造，標準生成ギブスエネルギーなどその固相が持つ化学的特性に依存することが知られているが，模擬デブリを用いる実験でも複数の固相からなる試料である検討事例が多い。多成分からなる燃料デブリの水中での核種溶解挙動の基礎的理解には，デブリ試料中で生成が予想される単相ごとに溶解挙動の検討も必要と考えられる。

4.3　アクチノイドの溶出挙動

　前項で述べた核分裂生成物に加え，使用済核燃料には原子炉運転中の

Uの中性子吸収によって生じた Np, Pu, Am, Cm といったアクチノイド核種が含まれている。これらの核種は ^{237}Np（半減期214万年）に代表されるように，放射性核種として非常に長い寿命を持ち，かつα線を放出する核種が多い事から放射能毒性の高い核種群として認識されている。このため高レベル放射性廃棄物の地層処分システムの設計においても，アクチノイド核種の化学的挙動は重要な要素としてとらえられている。燃料デブリ中のアクチノイド核種の状態や冷却水と合接触した際の溶出挙動の理解は，1Fの廃止措置やその後の廃棄物処分を進めるうえで非常に重要であり，実験に基づく研究が進められている。

日本原子力研究開発機構（JAEA）が行った1Fの2号機及び3号機の原子炉格納容器（PCV）内滞留水の分析結果［9］によれば，FP核種である ^{90}Sr と ^{137}Cs の最も高い濃度がそれぞれ，6.8×10^4 Bq/g と 4.2×10^3 Bq/g と高濃度であるのに対し，アクチノイド核種である ^{235}U, ^{238}U, ^{238}Pu, ^{241}Am の最も高い濃度はそれぞれ，1.8×10^{-5} Bq/g, 1.7×10^{-4} Bq/g, 9.4×10^{-1} Bq/g, および 2.7×10^{-1} Bq/g とFP核種と比べ数桁低い濃度となっている。さらに，集中廃棄物処理建屋の滞留水の核種分析結果から算出した，各核種の輸送比（＝［目的核種が核燃料から対象滞留水へ移動した割合］／［^{137}Cs が核燃料から対象滞留水へ移動した割合］）を比較した結果，図4.1［9］に示す通り，Pu の輸送比は ^{137}Cs の 10^{-5} 以下と非常に低い値を維持している。この結果，事故発生から3年間で事故炉の核燃料に含まれていた ^{137}Cs の約40％が放出されたのに対し，Pu の放出率は0.0001％と非常に低い値と見積もられている。［9］

以上の汚染水分析結果を総合すると，FP核種と比較して，アクチノイド核種は燃料デブリから非常に溶出が抑制されており，かつ，仮に溶出した場合でもアクチノイド核種の汚染水中の溶解度は低く，大部分は水酸化鉄スラッジ等に取り込まれ，移動可能成分はコロイド状態を取るものに限られると考えられる。このような解釈の妥当性を化学的に検証するために，著者らの研究グループでは，^{241}Am, ^{237}Np, ^{236}Pu といったトレーサー核種をドーピングした模擬デブリを合成し，これを海水や純水に浸漬

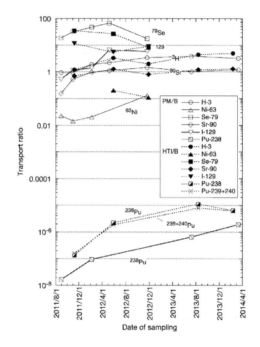

図4.1　廃棄物処理建屋の滞留水への各核種の輸送比（^{137}Cs の輸送割合基準）［10］

してアクチノイド核種の溶出挙動を調べた。燃料デブリの性状として軽微破損燃料（主としてUO_2）や酸化物デブリ，合金相デブリ，MCCIデブリという分類ができる。そこで，アクチノイドの溶出に関する研究では，アクチノイドトレーサーをドーピングしたUO_2を，被覆管の主成分であるジルコニウムやコンクリート成分である，シリカやカルシウム，さらには原子炉構造材に多量に使われているステンレス（SUS）といった成分と混合し，様々な条件（原料組成，温度，酸素濃度，加熱時間）で加熱を行い多種の模擬デブリを合成した。合成した模擬デブリの例を図4.2に示す。

　次に，合成した模擬デブリを福島原発事故時に緊急の冷却剤として用いられた海水に浸漬し，各核種の溶出率を評価した試験の結果を図4.3に

図4.2　模擬デブリの例：（左：UO_2，SUS304，Zr を2％酸素気流下，1700℃で1時間加熱して合成。右：UO_2，$CaCO_3$，SiO_2 を2％酸素気流下，1600℃で1時間加熱して合成）

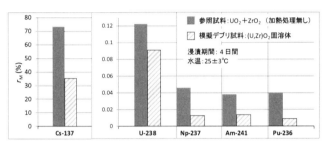

図4.3　混合粉末（非固溶）と模擬デブリ（固溶体）からの各核種の溶出率比較 [10]

示した [11]。

　デブリからのアクチノイド溶出の経路としてはマトリクス構造の溶解と調和して進む「調和溶解」と，特定のアクチノイドがその化学特性によりマトリクスとは無関係に溶出する「非調和溶解」が考えられるが，Np，Pu，Am といったアクチノイド元素と，核燃料のマトリクス元素である U との固体化学面での親和性の高さを考えれば，「調和溶解」が主たる溶出経路となると見られる。デブリ中の主成分が蛍石構造を取る二酸化ウラン結晶であれば，以下のようなウランの酸化反応を伴う溶出挙動が考えられる。

$$U^{IV}O_2(s) \Leftrightarrow U^{VI}O_2{}^{2+} + 2e^- \tag{4.1}$$

中性の純水中では$U^{VI}O_2^{2+}$イオンは水酸化物イオンと反応し，$UO_2(OH)_2 \cdot xH_2O(s)$といった沈殿を形成するため（4.1）の反応はあまり進行しない。しかし，通常の水には大気中の二酸化炭素が炭酸イオンとして溶解しており，さらに，海水の場合はより高濃度の炭酸イオンやカルシウムイオンが溶存している。この場合，$U^{VI}O_2^{2+}$イオンは炭酸イオンと安定な溶存性錯体を形成することから，（4.2）に示した反応により大気化の水や海水中では純水中に比べデブリの調和溶解が促進される傾向が有る。

$$U^{IV}O_2(s) + 3HCO_3^- \Leftrightarrow U^{VI}O_2(CO_3)_3^{4-} + 3H^+ + 2e^- \qquad (4.2)$$

図4.3に示した試験結果より，いずれの核種についても$(U, Zr)O_2$固溶体相を主成分とする模擬デブリからの核種溶出率は，加熱処理をしていない参照試料からの溶出率よりも小さくなることが分かった。ここから，メルトダウン時にUO_2に被覆管成分のZrが固溶することにより，マトリクス元素であるUのみならず，他のアクチノイド核種の溶出も抑制される傾向が確認できた。

　1979年に起こった米国スリーマイルアイランド原発事故後の検証でも，Zrと固溶体化した燃料デブリは安定化され，溶解し難くなることが報告されており[12]，図4.3の試験結果もこのような過去の知見と整合的であった。図4.3の試験では，アルカリ金属である^{137}Csの溶出率は高いものの，アクチノイドの溶出率はいずれも小さく，最大の溶出率を示したマトリクス元素のUで約0.1%，Np, Am, Puの溶出率はいずれも約0.04%と極めて小さい値であった。さらに，著者らは同様の浸漬試験を他の組成の酸化物デブリやステンレス鋼を材料として加えた合金相デブリ，シリカやカルシウムといったコンクリートに含まれる成分を加えた$MCCI$デブリなどを合成して行った[13,14,15]。この試験ではシリカやカルシウムといった成分の影響により，模擬$MCCI$デブリ表面にはガラス光沢が観察された。このガラス成分がコーティングとしての役割を果たした結果，模擬$MCCI$デブリからのアクチノイド溶出は非常に効果的に抑制された。ま

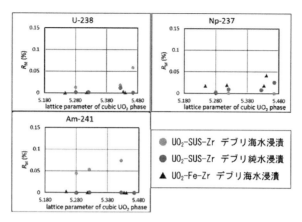

図4.4　模擬デブリからの核種の溶出率と立方晶UO₂固溶体相の格子定数（Å）と
の関係［15］

　た，ステンレス鋼を材料として加えた模擬デブリでは，Zr(IV) に加えス
テンレス成分の Fe(II) も立方晶のUO₂相に固溶した。この結果，二酸化
ウラン－ジルコニウム－ステンレス鋼（U-Zr-SUS）を原料とした模擬デ
ブリの場合，純水中でも海水中でもこれらのアクチノイド核種の溶出率は
0.08%未満と非常に微量であった。また，様々な条件で合成された U-Zr-
SUS 系模擬デブリからのアクチノイドの溶出率と，模擬デブリ中の主成分
である立方晶のUO₂固溶体相の格子定数との相関を調べたところ，図4.4
に示すようにUO₂相へ Zr(IV) や Fe(II) の固溶がより進行し，格子定数
が下がった試料からは，アクチノイド核種の溶出が抑制されている傾向が
有る事が分かった［14］。一方，格子定数が5.40Åを上回る場合，デブリ
生成条件および浸漬条件によって核種の溶出率が相対的に高くなる場合
が有ることが分かった。この結果は実際のデブリ分析の現場においても，
立方晶UO₂相の格子定数という比較的容易に測定できる指標により，核
種の溶出傾向を整理できる可能性を示している。
　以上の実験室での研究で合成した様々な模擬デブリを用いた試験の全
体的な傾向として，固溶体化がより進むことによって，さらに化学的安定

性が高まり，アクチノイドの溶出が抑制されることが分かった。酸化状態
＋４のジルコニウムが二酸化ウラン結晶中に組み込まれた結果，（4.1）に
示した酸化反応による UO_2 結晶の溶解に対して耐性が増加し，調和溶解
が抑制されたと考えられる。

　これらの研究から明らかになった結果は，前述した１Ｆの汚染水中のア
クチノイド核種の濃度の傾向や，輸送比が FP 核種に比べて著しく低い事
実と整合的であった。現在も継続されデータの蓄積がすすむ汚染水分析
結果の解析に併せて，事故状況から想定される種々のデブリ組成や発生
条件，さらに種々の溶液との接触条件でこのような試験研究を行うことに
より，汚染水へのアクチノイドの移行挙動の予測や，燃料デブリの取り出
し作業やその後の中間貯蔵，さらには最終処分といった廃炉の諸プロセス
の中で燃料デブリ中のアクチノイド核種をどのように取り扱っていくべき
か，またどのような化学条件の変化に注意すべきかといった技術戦略の策
定に寄与できると期待されている。

参考文献

［1］ Tokyo Electric Power Company. Countermeasures to seal off the incoming groundwater -
　　 The Commission on Supervision and Evaluation of the Specified Nuclear Facilities, 7th
　　 Meeting, Document 5; 2013 Mar 29 ［Internet］. Available from: https://www.nsr. go.jp/
　　 data/000050898 .pdf
［2］ K. Nishihara, I. Yamagishi, K. Yasuda K, et al., Radionuclide release to stagnant water in the
　　 fukushima-1 nuclear power plant1 . J Nucl Sci Technol. 2015;52:301 -307 .
［3］ B. Grambow, C, Poinssot. Interactions between nucler fuel and water at the fukushima
　　 daiichi reactors, Elements. 8 （2012) 213 -219 .
［4］ A. Shibata, Y. Koma, T. Ohi, et al., Estimation of the inventory of the radioactive wastes in
　　 fukushima daiichi NPS with a radionuclide transport model in the contaminated water. J
　　 Nucl Sci Technol., 53 (2016) 1933 -1942 .
［5］ 佐藤修彰, 桐島　陽, 佐々木隆之, 上原章寛, 武田志乃「ウランの化学 (II) －方
　　 法と実践－」, 東北大学出版会, (2021)
［6］ T. Sasaki, Y. Takeno, A. Kirishima, et al., Leaching behavior of gamma-emitting fission
　　 products and Np from neutron-irradiated UO_2-ZrO_2 solid solutions in non-filtered surface
　　 seawater, J. Nucl Sci Technol., 53, (2016) 303 -311 .
［7］ R. Tonna, T. Sasaki, Y. Kodama, T. Kobayashi, D. Akiyama, A. Kirishima. N. Sato, Y.
　　 Kumagai, R. Kusaka, M. Watanabe, "Phase analysis of simulated nuclear fuel debris

synthesized using UO₂, Zr, and stainless steel and leaching behavior of the fission products and matrix elements", Nucl. Eng. Tech, 55 (2023) 1300-1309.

[8] T. Sasaki, S. Sakamoto, D. Akiyama, A. Kirishima, T. Kobayashi, N. Sato, "Leaching behavior of gamma-emitting fission products, calcium, and uranium from simulated MCCI debris in water", J. Nucl. Sci. Technol. 56 (2019) 1092-1102.

[9] B. Grambow, A. Nitta, A. Shibata, Y. Koma, S. Utsunomiya, R. Takami, K. Fueda, T. Ohnuki, C. Jegou, H. Laffolley, C. Journea, Ten years after the NPP accident at Fukushima : review on fuel debris behavior in contact with water, J. Nucl Sci Technol. 2022, Vol. 59, NO.1, 1-24

[10] Y. Koma, A. Shibata, T. Ashida, "Radioactive contamination of several materials following the Fukushima Daiichi Nuclear Power Station accident", Nuclear Materials and Energy, 10 (2017) 35-41.

[11] A. Kirishima, M. Hirano, T. Sasaki, N. Sato, "Leaching of actinide elements from simulated fuel debris into seawater". J Nucl. Sci. Technol., 52 (2015) 151-160.

[12] D. W. Akers, E. R. Carlson, B. A. Cook, S. A. Ploger, J. O. Carlson, TMI-2 core debris grab samples, Examination and analysis: Part 2, GEND-INF-075-PT.2, U.S. Department of Energy Idaho Operations Office (1986).

[13] A. Kirishima, M. Hirano, D. Akiyama, T. Sasaki, N. Sato, "Study on the leaching behavior of actinides from nuclear fuel debris", J. Nucl. Mater., 502 (2018) 169-176.

[14] A. Kirishima, A. Nagatomo, D. Akiyama, T. Sasaki, N. Sato, Study on the chemical structure and actinide leaching of MCCI debris, J. Nucl. Mater., 527, (2019) 151795.

[15] A. Kirishima, D. Akiyama, Y. Kumagai, R. Kusaka, M. Nakada, M. Watanabe, T. Sasaki, N. Sato, Structure, stability, and actinide leaching of simulated nuclear fuel debris synthesized from UO₂, Zr, and stainless-steel, J. Nucl. Mater., 567 (2022) 153842.

第5章　燃料デブリの分析

5.1　デブリや廃棄物の分析に関する基本的な考え方

5.1.1　原子力施設における分析

　一般に分析とは，対象となる物質の組成を何らかの手段で調べ，その成分の種類や量の割合を明らかにする行為である。原子力発電所をはじめとする原子力施設では，運転に伴い発生する気体・液体・固体状の様々な排出物・廃棄物や周辺環境監視のための環境試料，さらには運転状態監視のためのサンプル試料などの分析が行われている。ここでは，一般産業施設での主要な分析対象である化学物質のみならず，放射性物質が主要な分析対象となる。放射性物質の分析では，対象物に含まれる ^{90}Sr や ^{241}Am といった核種の種類や，［Bq］で表記される放射能量およびその分布状況，さらに目的によっては対象放射性核種の結晶構造や溶解性といった化学形態を明らかにすることが求められる。得られた分析結果は，放射性廃棄物等を安全に保管するための方法の選択や，廃棄体化へ向けた処理方法や廃棄物の処分方法の選択とこれに掛るコストの見積といった目的に用いられる。このため，例えば廃棄物に含まれる放射性物質の分析が不十分であったり，結果の信頼性が低い場合，その廃棄物に対してより保守的で高コストな保管方法や処分方法を選択せざるを得なくなることもある。また，実際には含まれる放射性物質濃度が極めて低く，法令によって放射性廃棄物として扱う必要が免除される「クリアランスレベル以下廃棄物」であるにも関わらず，分析結果の信頼性が低く分析値に大きな誤差が付されている場合には，規制当局よりクリアランスが認められず，放射性廃棄物として扱うことになり総廃棄物量が増える結果につながることもある。

5.1.2　1Fの廃止措置で発生する廃棄物

　2011年の1F事故で炉心溶融と水素爆発を経験した福島第一原発では，原子炉を正常にコントロールできない状態で放射性物質による汚染が発生したため，通常炉よりもはるかに広い範囲かつ高濃度の汚染が起こってい

る。このため福島第一原発での廃止措置では通常炉よりもはるかに多量の放射性廃棄物が発生する事が予想されている。さらに，通常炉と異なり廃止措置計画が状況に応じて変化していくこともありうるため，通常炉の廃止措置のように放射性廃棄物発生量の見積を行うことは，現状では困難である。日本原子力学会では福島第一原発での廃止措置で発生する廃棄物を以下の3つに分類した [1]。

①瓦礫 / 伐採木等：事故時に，原子炉から周辺へ放射性物質が飛散および拡散したことにより周囲にあった瓦礫や土壌，樹木に表面汚染が起こった。これらを伐採や回収した結果生じる廃棄物。広範囲に汚染が広がったため，物量が多く，特に伐採木や土壌の放射性廃棄物は過去の処理・処分実績が乏しく今後の研究開発が必要。

②汚染水処理二次廃棄物：原子炉から放出される汚染水の除染システム（ALPS 等）の運転に伴い発生する廃棄物。核種吸着除去に使用したゼオライトやイオン交換体，核種沈殿除去により発生したスラッジ，さらには除染システムの交換配管や使用期限の過ぎた貯槽等が廃棄物として発生している。いずれの廃棄物も国内の原子力業界では処理・処分実績が乏しく今後の研究開発が必要な部分がある。非常に線量の高い廃棄物も一部に存在する。

③燃料デブリ / 解体廃棄物：現在，燃料デブリは炉心溶融を起こした1，2，3号機の圧力容器および格納容器内に主に分布していると考えられている。最大放射能量としては3炉心分の使用済み燃料に相当し非常に高線量である。一部は格納容器外へも汚染が広がっていることから，燃料デブリ取り出しや原子炉解体に伴い多量の高線量放射性廃棄物が発生すると考えられている。

以上の放射性廃棄物の汚染の起源は主として1，2，3号機の使用済み核燃料であることから，核種組成などは想定が可能とみられる。一方で，これらの廃棄物は原子力発電所の運転に伴い発生する廃棄物と異なり，

事故時のコントロールが不能な状況で発生したため，発生源からの汚染の程度の見積が極めて困難である。このため，それぞれの廃棄物に対して核種組成や化学的性状の分析を行い，その結果に基づき今後の処理や処分といった廃棄物マネージメント戦略を構築する必要がある。しかしながら，一部の汚染水処理二次廃棄物については非常に線量が高い事から，ハード面での制約があり，分析が進んでいない物も存在する。さらに，燃料デブリについては現状では炉心へのアクセスが困難である事から実デブリの分析は未だ開始されていない。近い将来，少量のデブリ取り出しが開始されると，これに伴い分析も開始される予定となっている。しかしながら，仮にデブリのサンプル採取が開始されても，その線量の高さから分析を実施できる施設は限定される。さらにデブリの性状に関する過去の知見が少ない事から，この分析には多くの技術的困難も伴うと予想され，ハード面の制約に加え，分析を実施できる人材も限定されることから，結果の解釈や分析可能点数は非常に限定的になると見られている。このため，燃料デブリの分析についてはハード面とソフト面の課題に対応した戦略の構築が非常に重要になるとみられる。

5.1.3　放射性物質で汚染された廃棄物等の分析の一般的な流れ

1F 事故のようにコントロールができない状態で放射性物質が放出された結果，原子炉建屋内部とその周囲で非常に深刻ではあるが程度や分布が明らかではない汚染が広範囲に発生している発電所を廃止するという行為を進める場合，対象が一体どのように汚染していて性状がものであるかを明らかにする「分析」という行為は非常に重要となる。本項目ではこのような対象の分析の一般的な流れを紹介する。

(1)　分析計画策定＋サンプル採取

分析計画の策定に当たっては始めに，その分析行為の目標，つまり「何を知るための分析か？」を明確に定める必要がある。例えば放射性物質により汚染された瓦礫の分析を行う場合でも，その分析目標が「対象汚染物

図5.1　1F敷地内での分析サンプル採取風景 [2]
（写真提供：日本原子力研究開発機構）

の安全な保管方法検討のためのデータ提供」である場合と「対象汚染物がどのような経緯で発生したかを明らかにするためのデータ提供」である場合では，分析試料の採取の仕方や分析方法が大きく異なってくる。燃料デブリの分析の場合，取り出し後のデブリの保管方法や，その後の処理・処分方策検討のための基礎情報取得といった廃炉作業を安全に進めることを目的とする場合，取得すべきデータは放射性核種組成，発熱量，水素発生量，マトリクス性状といったものが中心となる。一方，事故時に何がどのように起こったかを解明（事故進展解析）し，事故原因究明や原子炉安全性向上に資する事を目的と設定した場合，取得すべきデータは前述したものに加え，マイナー相の組成や構造，熱履歴等の幅広い情報をも取得する必要が生じる。当然，分析項目が多くなるほどより多くの時間やコストを要することになる。

　次に，定めた目標に照らして妥当なサンプル採取計画（サンプル数，サンプル採取量など）を策定する。続いて，定めたサンプルを採取するための方法の検討が必要となる。ここでは空間線量といった現場環境を考慮して有人作業による採取を行うか，遠隔作業による採取を行うか，といったことを検討する。図5.1に1Fで行われたサンプル採取風景を示す。これら

のサンプル採取計画を立てた後，再度現場の状況などを確認して立案した計画が達成可能か否かをよく確認したうえで，サンプル採取の実施にうつる必要がある。

(2) サンプルの前処理作業

　次に，採取したサンプルを実施する分析に適した量や形態，化学性状に調整を行う必要がある。ここでは必要に応じてサンプルを小分けし，湿式分析用に溶解や分析の妨害となる成分の化学分離等を行う。例えば懸濁物を含む液体サンプルの場合は，始めに孔径の決まったフィルターを用いてろ過を行い，懸濁物と液相を分離する。液相に加えて懸濁物中の元素組成の定量分析を行なう場合は，懸濁物も熱濃硝酸による加熱溶解といった化学操作により溶解させ，液体試料化する。これらの作業で燃料デブリを含むような放射性のサンプルを取り扱う場合，対象の放射線量や揮発性等の性状に応じて適切な設備を選択して前処理操作を行う必要がある。図 5.2 に放射性サンプルの処理を実施する際によく使われる設備例の写真を示した。フード（別称：ドラフトチャンバー）は局所排気を行い，粉末や飛沫となった放射性物質や化学物質を作業者が吸引し内部被ばくする事を防ぐ機能がある。手袋をつけたうえで自身の手を使った作業が可能であるために非常に操作性は良い一方で，設備自体には放射線遮蔽機能が無いため，高線量サンプルの取り扱いはできない。次に，グローブボックスの場合はサンプルを独立した排気系に接続したボックスの中で厚手のグローブを介して取り扱うため，作業性は多少下がるが作業者の内部被ばくの恐れは無い。さらに，ボックスの前面に放射線遮蔽用の鉛入りガラスなどを設置できるため，比較的高線量のサンプルの取り扱いも可能である。

　最後に，コンクリートセルや鉄製セルでは 50 cm から 100 cm といった厚みのあるコンクリートや鉄により非常に高い放射線遮蔽効果があるため，使用済み核燃料のような非常に高線量サンプルについても取り扱いが可能となる。ただし，遮蔽体の厚さから操作はマニピレーターを介した遠隔

高放射線量　◀━━━━━━━━━━━━━━　低放射線量
操作性：難　━━━━━━━━━━━━━━▶　操作性：良

鉄製セル　　　　　　グローブボックス　　　　　フード
＋マニュピレーター　　　　　　　　　　　　（ドラフトチャンバー）

図5.2　分析サンプルの前処理に使われる設備例
（写真提供：日本原子力研究開発機構）

操作が必須となり操作性は下がる。このためサンプル分取や秤量，化学分離といった繊細な作業を実施するには相当の技術訓練が必要となる。

　以上のように，一般に前処理設備の放射線遮蔽性と操作性はトレードオフの関係にあり，サンプルの前処理実施に当たっては対象の放射線量と実施する処理作業を考慮して最適な設備を選択する必要がある。

(3) 放射性核種や元素組成の定量

　前処理により分析に適した状態になったサンプルは放射性核種組成や元素組成の定量に供される。ここでは一般に，γ線放出核種についてはゲルマニウム半導体検出器を用いてγ線スペクトロメトリが行われ，α線放出核種については表面障壁型シリコン半導体検出器などがαスペクトロメトリに用いられる。スペクトロメトリにより放出される放射線エネルギーごとの強度（＝スペクトル）が分かるため，このスペクトルの解釈から「どの核種が，どれだけ含まれるか」を定量的に明らかにすることが出来る。また，β線放出核種やα線放出核種は液体シンチレーションカウンターを用いた核種定量も行われる。放射性核種以外の元素組成の定量も，対象の性状を理解するための重要な情報であるため良く行われる。ここで

は高周波誘導結合プラズマ発光分光分析法（Inductively Coupled Plasma
Atomic Emission Spectroscopy：ICP-OES/ICP-AES）や誘導結合プラズマ質
量分析法（Inductively Coupled Plasma Mass Spectrometry：ICP-MS）が広く
使われている。これらは，溶液試料中の各元素をプラズマによってイオン
化し，プラズマ発光や質量分析によって検出する方法である。ICP-MS は
より低濃度（ppb 以下の領域）での元素分析に非常に有効な分析方法であ
り，近年機器性能の発展が著しい。従来は放射線計測によって定量され
てきた^{241}Am や^{90}Sr といった放射性核種の定量分析にも，近年は ICP-MS
が用いられることが増えてきた。放射線計測や ICP 分析については 5.2 節
でさらに詳細に解説する。

(4) 機器分析による化学性状把握

　前述した放射性核種分析や元素組成分析により，サンプルがどの核種
をどれだけ含み，どの元素によって構成されているか？について明らかに
なる。これに加えて，対象の状態がどのようになっているか，またどのよ
うな性質を持つか？について明らかにするために性状把握のための機器分
析が行われる。近年は非常に多くの分析機器が実用化されているが，例え
ば走査型や透過型の電子顕微鏡による試料観察からはミクロンスケール
（10^{-6}m）からナノスケール（10^{-9}m）といった領域の対象の微細構造を
観察することが出来る。これにより対象の粒子がより微細な粒子の集合体
であるか否かや，粒子形状を把握することが出来る。また，電子顕微鏡に
取り付けた蛍光 X 線分光装置を利用することにより，観察している粒子等
の元素組成を半定量分析する事も出来る。また，分析の現場で広く使わ
れている粉末 X 線回折装置を用いて回折パターンを測定すれば，対象に
含まれている物質の結晶構造を知ることが出来る。結晶構造の情報から，
前述した分析で存在量が明らかになった核種や元素が，対象中に化学的
に安定または不安定な状態で存在しているかといった有用な情報を得るこ
とが出来る。これらに性状把握を目的として行われる機器分析については
5.2 節でさらに詳細に解説する。

(5) 分析結果の整理・解釈

　一連の分析作業が終わった後に，各分析から導出された結果について妥当性や不確かさ（信頼性）を慎重に評価する必要がある。これにより，例えば目的に対して必要な信頼性に達していない結果であることが判明した場合は，再測定や分析方法の再検討などを行うことになる。最後に，これらの評価の終わった各分析の結果を並べ，総合的な解釈を行う。ここでは，同じ対象に対する異なる分析方法の示す結果が，互いに矛盾しないかなども評価する必要がある。このような解釈や評価の結果から，分析対象の組成や性状に関するファクトを導き出すことになる。

(6) 分析に必要なソフト面の要件

　ここまでに述べた分析のフローの中で，(2) ～ (4) の実際の作業を行う工程については自身の担当する操作や測定に習熟し，測定時の異常の有無を判断でき，結果を他者に説明できる人材（= Skilled Technician）を充てることになる。このような人材は教育や訓練が実施できる設備を備えた分析トレーニングセンターなどで効率的な育成が可能とみられる。

　一方，(1) や (5) といった目標設定，分析計画立案さらに分析結果の整理や妥当な解釈を行うためには，分析目的を十分理解したうえで効果的な分析およびサンプリング計画を立てられる人材や，各分析結果を統合し，妥当性の検証や解釈を行い結論を導く人材が必要となる。このような人材には，プロジェクト全体の目的や進捗から各分析要素技術の充分な理解といった，非常に幅広かつ深い知見を有している事が求められる。このようなエキスパート人材の養成には，理工系の博士号が取得できるような十分な研究経験や分析現場での職務経験等を経る必要があり，育成には非常に多くの時間とコストを要することになる。このため福島第一原発の廃炉作業での分析のように，非常に長期に渡るプロジェクトを進めるためには，長期視点を持った人材育成戦略を立てたうえで，それを実行に移す必要がある。人材育成については第9章でも触れる。

5.2　想定される分析項目

5.2.1　固体試料分析技術

(1) 試料のマクロ性状確認及びスクリーニング

　燃料デブリは，照射された燃料と炉内構造物が溶融，凝固したものであり，これを対象とした分析は，照射後試験（Post Irradiation Examination：PIE）に含まれる。このため，燃料デブリの分析は PIE 技術を活用することによりホットラボで行うこととなる。

　従来の PIE では，対象試料の燃料組成（製造時組成，燃焼計算等で求めた照射後組成），照射条件（線出力，温度，燃焼度等の履歴），形状・寸法（燃料ピン，キャプセルの外径，長さ等）などを基本的な情報としてあらかじめ入手することが通例である。しかし，燃料デブリは，燃焼燃料が炉心構成要素，コンクリート等と溶融して凝固したものであり，燃料の照射中における炉内位置の情報が失われている。このため，燃料デブリは，組成，照射条件等から求められるインベントリが明確ではないとともに，不定形な試料である。

　燃料デブリを分析する際には，まず，試料の外観観察を実施し，試料の色，金属光沢の有無，気孔の有無などのマクロ形態を調べ，それにより酸化物相，金属相などの概略分布を視覚的に把握する必要がある。また，線量を測定するとともに，寸法重量測定を実施し，試料の基本的な情報を取得する。燃料デブリは不定形試料であることから，燃料ピン，キャプセル等の径や長さを測定した従来の PIE とは異なり，不定形試料の寸法を測定する手法を検討する必要がある。

　また，受け入れた試料のインベントリや分布状況が明確ではないことから，蛍光 X 線分析（XRF：X-ray Fluorescence）などを用いて，試料表面における元素分布の概略を把握することが重要である。このような，試料のマクロ性状確認及びスクリーニングの結果を踏まえ，以降の分析に適した試料採取位置，切断等の試料調製方法を検討する。

　なお，照射済燃料ペレットと被覆管をホットセル内で高温反応させた際に生じた模擬デブリ試料 [3] に対し，燃料ピン等の PIE で使用されてい

るガンマスキャン装置及び X 線 CT 装置の活用例が報告されている［4］。これらの装置を実際の燃料デブリ試料のスクリーニングへ適用することにより，試料中の核種の分布，試料内部の状態，密度分布などを非破壊で把握できる可能性がある。

(2) 試料調製技術

　塊状の燃料デブリから分析対象試料を採取するためには，切断や粉砕といった試料調製が必要となる。不定形試料である燃料デブリをダイヤモンドホイール等で切断する際には，定型試料を扱っている従来の PIE とは異なる固定方法を検討する必要がある。我が国においては，不定形燃料デブリ（TMI-2 試料）の切断時における試料固定方法として，剣山型治具を使用した実績がある［5］。燃料デブリはその採取位置に応じて硬さなどの機械的特性が異なっている可能性があり，局所的に圧力が加わる固定方法の治具では試料を破損する恐れもある。燃料デブリ試料の形態，特徴に応じて適切な試料固定方法を採用するための技術開発が必要である。

　燃料デブリには，酸に難溶性のジルコニウム酸化物などの含有が想定されるため，固体試料から溶液試料に変換（溶液化）する際，あらかじめ粉砕することで試料の表面積を増加させ，溶液化しやすくしておくことが好ましい。燃料デブリには，酸化物相と金属相の混在が想定される。酸化物相と金属相がマクロ的に明確に分かれて分布している試料の場合には，機械的な衝撃を加えることにより両相を分離し，その後，酸化物相と金属相をそれぞれ別々に粉砕化する方法の適用が考えられる。酸化物相からなる試料はスタンプミル等を用いることで，ある程度の大きさまでの試料の粉砕が期待できるが，金属相の試料は，その延性を有する特徴から粉砕が困難な可能性がある。この場合，ダイヤモンドホイール等によって切断し，それにより生じる紛体を溶液化する試料に供するなどの検討も必要である。

　このような試料調製中には，例えば，切断の場合は，ダイヤモンドホイールの砥粒やボンド材が，また，スタンプミルでの粉砕の場合は，その

構成材料が，分析対象とする試料に混入する（コンタミの）可能性がある。それぞれその操作によりどの程度のコンタミがあるかを，あらかじめブランク試験などで把握し，その影響が有意であれば，分析結果を補正するなどの対応が必要である。

(3) 組織観察

　燃料デブリの固体試料における性状を把握するための手法として最も基本となるのが組織観察である。組織観察に供する試料は，切断等で適した大きさにし，エポキシ樹脂等で固定したのちに，耐水紙による研磨，ダイヤモンドペースト等による研磨を経て鏡面に仕上げる。従来の PIE の場合，線出力や燃焼度に応じて燃料ピンの軸方向から数試料を採取し，その横断面試料，縦断面試料を調製して，主に燃料ペレットと被覆管を対象にした観察を実施する。燃料ペレットでは，温度の高い中心部から温度の低い外周部にかけて径方向の組織変化を把握するとともに，局所的に燃焼度が高い部位（ペレット最外周部や MOX 燃料の Pu スポット部）などに着目した観察が行われる。また，燃料ペレットと被覆管の残留ギャップ幅も測定の対象とする。被覆管については，主に内面腐食，外面腐食，水素化物の状況などを観察する。このように，従来の PIE では定型試料を取り扱い，かつ，照射条件に応じて着目すべき部位が選択しやすい。一方，燃料デブリ試料は照射条件が明確でない不定形試料であるため，観察すべき位置の特定が難しい。実際に燃料デブリ試料の組織を観察する際には，これに先立ち行うスクリーニングで概略の組織形態分布を把握した上で，詳細な組織観察での着目点をあらかじめ決めておき，それに応じて観察範囲（視野）を選択する必要がある。さらに燃料デブリ試料は構成元素が多く，その相状態も複雑になっていることが予想される。燃料デブリ試料の組織観察を実施する際には，TMI-2 試料や模擬デブリ試料でこれまでに観察された組織形態を参考に，それとの類似性，相違性の観点から観察位置を決めることも重要である。

（4）元素分析

　固体試料の表面元素分析として，EPMA（Electron Probe Micro Analyzer：電子線マイクロアナライザー）の活用があげられる。EPMAは微小部の電子像観察から元素分析・構造解析まで実施可能な表面分析装置である[6]。固体試料表面に細く絞った電子線（電子プローブ）を照射して，試料と電子線との相互作用により発生する特性X線を効率よく検出することにより，試料を構成している元素とその量（濃度）を知ることができる。通常のPIEでも広く活用されており[7]，固体試料の表面（又は断面）における元素分布を把握できる。燃料デブリの分析への適用も想定されており，燃料デブリの性状を把握するために必要不可欠な強力なツールとして期待される。

　通常，組織観察を行った鏡面研磨済み試料をEPMA分析に供する。分析に先立ち，チャージアップを避けるため，カーボンや金などを試料表面に蒸着する導電処理を施す。あらかじめ組織観察により分析対象位置を特定しておき，二次電子像観察，点分析，線分析，面分析，定量分析を行う。まず，試料表面の複数個所に対して定性分析を行う（ビーム，試料ともに固定し，分光器を移動させる）ことで，ビーム照射位置に含まれる元素を特定する。その後，測定対象元素の判別に使用する特性X線が検出できる位置に分光器を固定し，試料を直線（一次元）的に移動させる線分析，二次元的に移動させる面分析により元素分布を把握する。分析対象視野が狭い場合には，試料を移動させる代わりにビームを振ることでデータを取得することも可能である。定量分析は濃度既知で均一な標準試料からの特性X線強度を基準に，分析対象試料からの特性X線強度との比を求め，必要な補正を施して定量値を得る。補正は，原子番号効果（Z），吸収効果（A）及び蛍光励起効果（F）の三つの効果を考慮することが一般的であり，ZAF（ザフ）補正と呼ばれている。

　EPMAの分析対象となる燃料デブリ試料は，燃料組成，核分裂生成物に加え，炉内構成材料，コンクリート成分，注入された水成分などが含まれる多元系試料である可能性が高い。このため，分析対象元素を識別す

るための特性X線の干渉の有無に細心の注意が必要である。これには，面間隔の異なる複数の分光結晶を用いて測定対象元素の標準試料を測定し，特性X線の回折線が現れる位置を実測により特定しながら，干渉の有無をあらかじめ把握しておくとよい。もし他元素のからの特性X線が重複する場合は，同一元素から発生する別の特性X線を使用するなどして干渉の影響を排除する。また，燃料デブリ試料は放射性であることから，試料から放出される放射線の影響でバックグラウンドが高くなる可能性がある。このため，分析結果を読み間違えないように，定性分析で測定対象元素由来の特性X線が有意なピークとして検出できていることなどをあらかじめ確認した上で，分析結果を読み解く必要がある。

5.2.2　液体試料分析技術

　固体試料を溶液化して分析するためには，まず，試料を溶解することから始まり，つぎに目的の元素（イオン）を分離し，最終的に分析装置により測定するという流れとなる。一般的な物質については過去の先人たちの様々な経験から，ほぼ，その方法は確立されているといっても良い。しかし，原子炉事故などで，発生した様々なタイプのデブリは過去に溶解して分析した実績がほとんどないため，今後の研究開発における試行錯誤によって確立されていくものとみられる。

　したがって，ここでは，試料の溶解，分離，測定にあたって現在の技術についてまとめ，これらを基本として今後のデブリの破壊分析の方法について述べる。

　分析を実施するための方法を組み立てるにあたり，①どのような試料（組成や化学形など）であるのかの大まかな情報を基にして②どのような分析値（元素，同位体，放射能など）が必要なのか？ということを，事前に明確にしておくことが重要である。次に，分析装置や分析するための設備の条件などを考慮して，実際に分析の可否を考えて，必要な試料量，溶解（溶液化）手法や必要となる分離方法などを適切に選択して組み立てる必要がある。

それでは，燃料デブリを溶解して分析するための目的として，仮に以下の条件での分析が必要とされているとする。

　①　試料としては，酸化物デブリあるいは MCCI デブリ

　②　元素濃度，及び核種濃度（特に長半減期核種）

　ここでは，分析装置として，元素濃度あるいは核種濃度を分析する目的で溶液化した試料を ICP-AES（OES）や ICP-MS 装置にて分析することを想定する。

(1) 酸などの溶媒による溶解

　酸などによる溶解についても，これまでにさまざまな報告があり，少し古くはあるがこれらの内容については，「ぶんせき」誌にまとめられている [8-10]。表5.1に主に用いられる溶媒を示した。通常は試料が未知の物質の場合には，丸数字で示したように，弱い酸から溶解を順次試みることが重要である [11,12]。しかし，デブリについては，溶解が難しい Zr や Ni, Cr などが存在しており，水による溶解や弱酸による溶解については困難であることが予想される。したがって，デブリの溶解に対しては，始めから濃い塩酸や硝酸の溶解から考えることとする。

　一方で，デブリ試料の採取位置は不明であっても，例えば金属構造材が含まれていると考えられる場合，Cr や Fe などの硝酸では不働態化する元素の存在が考えられるため，硝酸単独での溶解は困難であるとみられる。そのため，塩酸あるいは塩酸と硝酸の混酸（王水）の使用が候補となる。

　一方で，放射性物質，特に α 崩壊をするような核種を扱う施設の場合には，耐震上の考慮から設備にステンレスのような金属を使用していることが多い。その場合，塩酸による設備への腐食影響が大きいため，塩酸の利用は最低限にすることが重要である。

　そのため従来の様なホットプレート上でビーカーなどを並べて開放系で溶解するのではなく，近年一般的となっている密封状態で硝酸とフッ化水素酸の混酸を用いマイクロ波加熱法 [13] での溶解を行うことを試すこと

表 5.1　溶液化するための溶媒

水	①液体	アルカリ金属塩, 強酸塩
	蒸気	(熱加水分解法 (数 $100°C \sim 1,100°C$) 試料中の非金属元素の蒸留分離
塩酸	還元性, 多くの金属と錯体を作る。 (As, Ge, Se, Sb, Sn などは加熱時に揮散する)	
	②希酸	Co, Cr, Fe などの金属, 酸化物, Cr, Fe などの合金
	④濃酸	Cr の窒化物, Sn 合金, 低 Si 含有のケイ酸塩
硝酸	酸化性, 酸化を伴う溶解に用いられる。錯形成力は弱い。 (Al, Cr, Ti, Th, Nb, Ta などは不導体を形成する)	
	③希酸	多くの金属, Ag, Cd, Pb などの合金
	④濃酸	Ag, Hg, Se などの金属, 硫化物鉱など
硫酸	希硫酸は酸化還元に関係しない。濃硫酸は有機物を分解するのに有利な脱水剤でもある。	
	希酸	Cr 金属と鋼, Ni を含む鋼, 非鉄金属
	濃酸	モリブデン鉛鋼など, 希土類金属を含む鉱石
フッ化水素酸		ケイ酸塩鉱物, 岩石の溶解に有効。Nb, Ta, Ti, Zr の金属
混酸	⑤王水	酸化性試薬で Pt や Au など多くの金属合金を溶解する。高級酸化物は溶解できない。
	$NHO_3 + HF,$ $HNO_3 + HF + HCl,$ $HNO_3 + HF + H_2O_2$ など	Nb, Ti, Zr など金属やその合金, 硫化鉱物, ケイ酸合金などマイクロ波加熱分解法などに使用される。

も有効である。フッ化水素酸が存在することで，デブリでも，コンクリートに含まれるケイ酸塩中に取り込まれるような形で存在する成分についても溶液中に溶出させることが可能となる。ただし，フッ化水素酸のような，ガラスを侵食するような酸を使用した場合には，分析装置にて測定を行う前にフッ化水素酸を除去するか，あるいは耐フッ化水素酸の部品を使用するなどの工夫が必要となる。

(2) 塩による融解

　塩による融解も以前から広く採用されている方法である［14］。TMI-2

表5.2 溶液化のための融剤

	融　剤	るつぼ	温度 /℃	対象試料
塩基性	$Na_2CO_3\,K_2CO_3$ （炭酸塩）	Pt(Fe, Ni)	900 ～ 1,200	酸化物，難溶性硫酸塩， ケイ酸塩
	NaOH, KOH （水酸化物）	Ni, Fe, Au, Zr	< 500	酸化物，フッ化物鉱物， アルカリ土類を含む鉱物
酸性	$(NH_3)HSO_4, K_2S_2O_7$	Pt, 石英	300	酸化物，硫酸塩，フッ化物
酸化性	$Na_2O_2(+NaOH)$	Ni, Fe, Au, Zr	600 ～ 700	多数の重金属を含む鉱物， クロム合金，酸化 Zr や酸化 Ai を基材とする耐火物

のデブリ中の元素分析（硫酸塩融解）やガラス固化体中（アルカリ融解）
の元素の分析においても用いられており，実績のある方法である。一般的
にはアルカリ融解として，もっぱら塩基性の塩を利用する方法が有名であ
るが，硫酸塩を用いる方法も従来より実績がある [15]。実際に，TMI-2
のデブリの溶液化には硫酸塩が用いられた。[16]

　これらの方法はるつぼ（硫酸塩では石英管でも可）と電気炉があれば
融解することが可能で，高線量物質でマニュピレーターなどを使用しなけ
ればならないようなセル内では大きなサイズの装置が不要である，このよ
うな比較的コンパクトな方法が有効であると考えられる。ただし，融解し
た塩は固体であるため，表5.2 に示したような溶融塩をさらに酸などによ
り溶解させることが必要で，その際に時間がかかることと，融解に使用し
た塩の成分や，るつぼの成分がマトリクスとして溶液中に残ってしまい，
分析装置にて測定する前にその影響についても調べて評価しておく必要が
ある。

(3) その他の溶解

　通常は，分析に用いる溶解は，試料中に含まれる固体物質をすべて溶
解することが多くの場合必要となるが，場合によっては，その試料から分
析対象物を選択的に溶解することも，選択肢となりうる [10]。

　UO_2 は硝酸に溶解するが，$(U, Zr)O_2$ のような共晶体の場合には，Zr の

量にも依存するが，硝酸に対して溶解することが困難となってくる
[17]。このことから，大まかに，UO_2とZrとの共晶体の存在比を求めるこ
とも考えられる。

　また，分析の分野ではあまり例がないが，試料を粉砕し溶解させる前
に，熱化学反応例えば硫化反応などで，より溶解しやすい化学形態にする
ことも一つの方法であると考えられる。[18]

(4) 分析装置の選択

　定量分析を行うときの指標として，分析装置についてのおおよその測定
範囲について図5.3に示した。

　放射性物質の濃度の分析においては，従来から放射能分析装置を用い
て行われてきた。近年では，ICPをイオン化源に用いた高感度での核種の
分析を可能としたICP-MS装置が一般的に用いられるようになってきた。
蛍光X線分析法や吸光光度法では高濃度から大体ppmオーダーの分析が
可能である。蛍光X線法では基本的に固体の分析に用いられるため，溶
解することなく分析できるため詳細な分析を行う前にその元素の大まかな
濃度を決定できることから，溶解後の分析装置による測定条件等を考える
うえで有効な装置である。

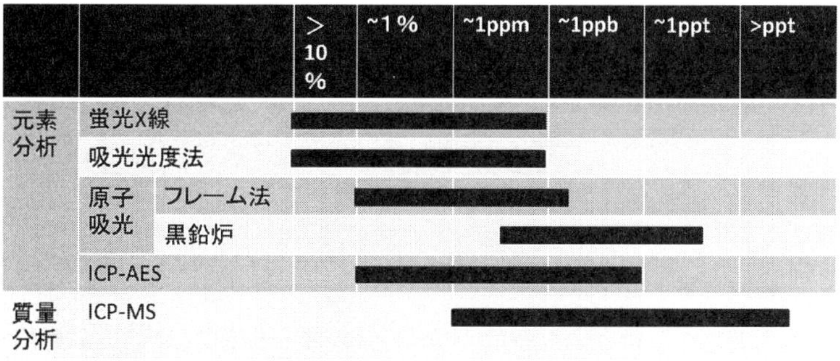

		> 10 %	~1 %	~1ppm	~1ppb	~1ppt	>ppt
元素分析	蛍光X線						
	吸光光度法						
原子吸光	フレーム法						
	黒鉛炉						
	ICP-AES						
質量分析	ICP-MS						

標準溶液を特に前処理しないで通常の方法で分析した場合の目安

図5.3　分析法におけるおよその測定範囲

原子吸光法は，信頼性のある方法として現在も広く使われている。特に，一つの元素をルーチンで測定する場合などでは，比較的容易に使用できるため有効な手法である。

　ICP-AES 法は元素濃度について，高感度な分析装置で，多元素を測定するのに適しており，複数の元素を同時に測定する装置も市販されている。この装置は ICP 部からの発光を分光して測定するものであるため，高線量の放射性物質の分析においては，コンクリートセル内に発光部を設置し，そこで発光した光を光ファイバーでコンクリートセル外の分光部に導いて測定することができることから高線量の試料における元素分析において非常に有効であり，そのための装置も利用されている。[19]

　また，分析においても測定試料のマトリクスと同じ標準試料にて検量線を作成することにより元素の分析を行うことができるため，溶融塩による融解により溶液化した試料（硫黄の入った硫酸の溶液や Na などが入ったアルカリ溶液など）をそのまま測定するとしても，溶液の粘性の違いや，光学的な干渉についても同じマトリクス条件での分析が可能となる。ただし，分析装置においては，測定時になるべく測定対象となる元素や核種以外の物質を含まないことが必要で，特に含まれる物質の量が多いと測定時に妨害となる可能性が高い。例えば，ICP-AES の場合，発光線の強度が弱い物質においても，それが主成分であって多量に含まれれば，微量に含まれる測定物質の測定線に影響を及ぼすことが考えられ，そのため，空試験を行って，測定線への妨害の有無を確認する必要がある。また，塩濃度がさらに高い場合には，ICP 分析装置やクロマトグラフ装置などの測定装置に試料溶液を導入した際に，装置内で塩が析出する可能性もあり，なるべく塩濃度が高くならないよう工夫する必要もある。

(5) 放射能分析と ICP-MS

　放射能濃度の分析はすなわち，核種の分析でもあることから，放射線の測定で濃度を決定する放射能測定装置によらず，核種を質量数で測定する質量分析装置が以前より用いられている。特に，U や Pu については，

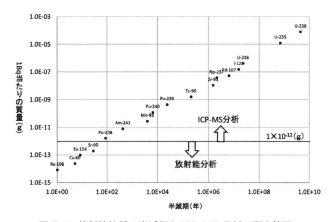

図 5.4　放射性核種の半減期と ICP-MS 分析の測定範囲

　保障措置分析に高精度な分析装置として表面電離型の質量分析装置を用いた分析が行われてきた。最近では，すでに述べたようにイオン化源に（誘導結合プラズマ）ICP を用いることにより，多くのイオンを質量分離部に導入することが可能となる ICP-MS 装置が広く使われるようになってきた。

　分析装置の感度について，放射能測定と ICP-MS を比較して図 5.4 に示した。非常に装置条件の良い場合には，ICP-MS の検出限界値は，1×10^{-12} g 程度であり，これは，半減期 100 年の核種における 1Bq に相当するものとなる。ただし，試料の主成分や分離の条件等によるが，ルーチン等の分析においては，通常は ICP-MS を選択するのは，半減期が 1,000 年から 10,000 年を超えるような核種に用いる場合が多い。

　ICP-AES と ICP-MS との機器としての大きな違いは，ICP-AES では，ICP 部で発光した光を計測するのに対して，ICP-MS では ICP 部でイオン化したイオンがそのまま質量分離部に入ることである。このことは，ICP-AES では，イオン化部と検出部は光学的につながっていればよく，すでに述べたとおりに，光ファイバーの利用も可能となっている。しかし，ICP-MS では，ICP 部からのイオンが直接，質量分離部にイオンを導入する必

要があることから装置を分割や遠隔化することは容易ではない。

　しかし，すでに述べてきたように，ICP-MS の場合は非常に低濃度まで測定できることから，セル内で取り扱わなければならないような高濃度の放射性物質の分析に当たっては，試料を希釈するか，あるいは少量を採取したのちに，グローブボックスやヒュームフードなどで化学分離を行うことができるため，実用面ではセル内部に取り付ける必要性は低い。さらに，アクチノイド元素の様に，質量数が大きいものは妨害となるような核種が少なくなることなどから，より低濃度まで測定が可能となる。ただし，比較的短い半減期の核種が存在する場合には，質量分離部内へ放射性物質が導入されることから，放射線管理上その取扱いは慎重であるべきである。

(6) デブリの分析について

　これまで述べてきた内容で，デブリの分析（破壊分析）について考察する。ここでは，例として，燃料デブリを対象に核分裂性物質量を求めるため，U や Pu の同位体比，並びにウラン相と共晶しているジルコニウムの含有量とウラン含有量との比を求めるということを目的に分析をおこなうことを想定したい。

　過去にデブリを溶液化して分析した例は TMI-2 の事故での例がある（5.3 節参照）。当時の分析技術と比べて現在の分析技術では表 5.3 に示したように，多くの点で進歩している。ここでは基本的に当時の分析手法を傍らにおきつつ，現在実施可能な分析方法を適用したものについて考察したい。

　まず，試料採取については，どのような試料を必要としているのか，その試料は分析の目的に対して，代表的な試料であるのかを吟味する必要がある。このことは分析を開始する前によく確認しておくことが重要である。

　次に予想される，対象元素・核種のおおよその濃度を考え分析に供する量を想定する。仮に想定される U，Pu および Zr の含有量として，U : Pu : Zr ≒ 0.5 : 0.01 : 0.5 とする。

表 5.3　近年の分析法における進歩

	TMI-2 の事故発生当時頃の技術（1979 年）	分析法の新たな技術		
		一般化した時期	特徴／メリット	文献
溶解	・酸による溶解 ・アルカリ融解 ・硫酸塩融解	マイクロ波加熱溶解 1980 年代〜	密封系での溶解 （常圧の沸点以上まで加熱） ・Zr や Mo 等の溶解が可能 ・測定上，分離上影響する，マトリクス成分を使用しない	[20]
分離	・イオン交換分離	固相抽出 （液固抽出） 1990 年代初め〜	分離能の向上 ・分離する元素により最適な種類を選択する。 ・元素分離がより容易となった。	[21] [22]
測定	・元素分析装置 ICP-AES [23]	ICP-MS 1980 年代後半〜	感度の向上（質量数の測定） ・高感度のため，試料の絶対量を少量にすることが可能	[24]
		ICP-MS/MS 2010 年代〜	分析装置内で高い分離能 ・同重体の分離が可能	[25]
	・放射能分析	室温半導体検出器	室温での高分解能の達成	[26]
	Ge 半導体検出器	（CdZnTe など） 1990 年代〜	・室温で NaI シンチレーションカウンタよりも高エネルギー分解能での測定が可能	
		マイクロカロリメトリ （今後一般化を期待）	エネルギー分解能が非常に高い ・α線測定の場合，現在では不可能な ^{239}Pu, ^{240}Pu の分離測定が可能	[27]
	LIBS など		前処理操作が不要で元素濃度を測定することができる。	[28]

　想定される濃度から，求めるべき分析値は，U，Pu の含有量およびその同位体比，およ Zr の含有量となる。そのため，U，Pu，Zr の定量は ICP-AES を用い，U，Pu の同位体比はそれぞれ，ICP-MS を用いることとする。また，同位体比の測定においては，同重体である ^{238}U, ^{238}Pu の補正の必要がある場合に備えてαスペクトロメトリを行う。

　次に，ICP-AES で必要な濃度と液量，ICP-MS で必要な濃度と液量を計算する。例えば試料量として 1 mSv/h 以下とするための量として，仮に

メタル量として 10 mg とおく）。この時 U：Pu：Zr = 1005, 0.1, 5 (mg) となり，これを溶解して 100 mL に液量調製した場合，これらの元素濃度は，50 ppm：1 ppm：50 ppm となる。実際には，ICP-AES による元素濃度の分析においては，さらに 10 倍〜100 倍程度の希釈することが良いと考えられる。また，ICP-MS での測定では，〜1,000 倍程度希釈しても測定が可能な範囲と考えられる。実際に ICP-MS での分析においては，Pu の同位体比を 238：239：240：241：242 ≒ 0.013：0.66：0.21：0.077：0.041 とすると，最も低濃度である ^{238}Pu については，0.013 ppb → 13 ppt となるが，測定可能な範囲である。

　ただし，ここで注意すべきは採取量が少ない場合には，その試料の代表性について注意することが重要である。この点については，試料の均質性等を採取する際にその方法をよく吟味しておく必要がある。少量の試料を代表試料とするためには，溶解前に粉体化した状態で，縮分操作を実施して，均一性を担保してから少量の試料を採取することが必要となることもある。

　溶解した溶液は，10〜100 倍に希釈して，直接 ICP-AES 装置にて U，Pu，Zr 濃度を測定する。この時 U,Pu,Zr においてそれぞれの測定波長の強度を測定するにあたり，他の主要元素が妨害とならないことを確認しておくことが重要である。図 5.5 には硝酸を用いた溶解・分離スキームの例を示した。

　ICP-AES にて分析を行った試料については，ICP-MS で同位体分析を行う前に U と Pu の化学分離を行うことが必要となる。特に，^{238}Pu は ^{238}U と同重体となり事前に化学分離を実施しておくことが重要である［29］。表 5.3 に記載したように，1990 年代頃から固相抽出法が一般化してきており，現在，多くの固相抽出剤が市販されている。U，Pu との分離能と，目

---

1 オリゲンの計算［JAEA Data Code 2012-018］より 2 号機の炉心で ^{137}Cs が 2.03×10^8 GBq/core
　この時のウラン量（235, 236, 238 の和）9.17×10^7 g/core なので，$2.03 \times 10^8 / 9.17 \times 10^7 =$
　2.2GBq/g。したがって，10mgでは，22×10^6 Bq/10mg となる。これは，大体 0.2 m Sv/h (10cm)
　に相当する。

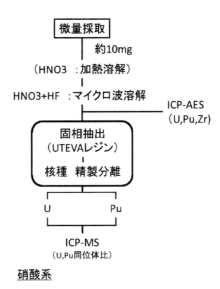

図5.5 硝酸を用いた溶解・分離スキームの例

的となる Pu の回収が容易であることが求められる抽出剤を選ぶ必要があり，これらは，メーカーや総説等を参考にしていただきたい。

　最後に分離精製した試料については ICP-MS などでその同位体比を測定する。ただし，半減期が比較的短い同位体を有する Pu のような核種においては，事前に溶液の放射能濃度を評価しておくことが重要である。例えば今回の場合，Pu の比放射能は 1.12×10^{10} Bq/g であり，1 ppm では，1.12×10^4 Bq/mL，1 ppb では 1.12×10^1 Bq/mL となる。したがって，できれば Pu を含むような溶液については，ICP 装置はグローブボックス内において使用することがより安全な操作となる。

　なお，硝酸とフッ化水素酸での溶解が不可能であった場合には，硫酸塩融解を行う可能性がある（図5.6）。この場合，分離についても硫酸系で行うことができるイオン交換法が報告されている［30］。イオン交換法は，固相抽出法と比較して U と Pu の分離能はあまり高くないことが考えられ

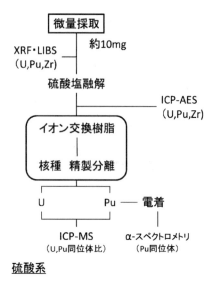

図5.6　硫酸を用いた溶解・分離スキームの例

るDことから，ICP-MS で分析した同位体に対して，同一の試料を硫酸系で
金属板に電着［31］して α スペクトロメトリで ^{238}Pu の濃度の補正を行う
ことが必要となる場合がある。

　分析結果の評価として，分析した値を得た後に，その分析方法が正し
かったのか，化学処理の際に予想されていたことと異なった様子が見られ
なかったか等，分析操作を通じて，異常を感じなかったかを今一度振り返
る必要がある。予想外の経路からのコンタミ混入や，分析方法を理解して
いなかったため，装置の測定可能な幅の外での測定実施なども含めて，結
果を報告する前に，今一度確認することが重要である。これらの確認を実
施してから，分析した値を分析報告値とすべきである。

5.3　デブリ分析事例

(1) TMI-2 デブリ分析

　1979 年 3 月 28 日に発生した TMI-2 の過酷事故（1.2 節参照）では，炉心の部分的な溶融，被覆管の酸化，燃料からの核分裂生成物の放出などが起こった。事故後の調査の結果，炉心の約 45%が溶融し，約 19 トンが圧力容器下部ヘッド上に流れ落ちた［32］。

　事故直後の評価は，GPUN 社（TMI の運転者），EPRI（電力研究所），NRC（原子力規制委員会）及び DOE（エネルギー省）の 4 者（GEND）が中心となり行っていた［33］が，その後，燃料デブリ試料に対する試験，分析が OECD/CSNI プログラムとして行われた［34］。さらに，TMI-2 Vessel Investigation Project（VIP）の国際共同研究が実施され，我が国も日本原子力研究所（現日本原子力研究開発機構）が参画して燃料デブリ試料に関する分析・試験データを取得している［32］。

　TMI-2 炉心から採取された試料のうち，固体試料の分析としては，外観観察，光学顕微鏡による組織観察，走査型電子顕微鏡による組織観察と EDS，WDS などを用いた局所元素分析が行われた。また，放射化学分析により燃料デブリ中における Cs やその他の核分裂生成物の測定が行われ，各核分裂生成物の残留率等の評価が行われている。

　組織観察及び局所元素分析の結果，例えば，下部プレナム領域から採取された試料の調査によると，この物質は一度溶融した UO_2 と ZrO_2 を主成分とするセラミックスであり，少量の Fe，Cr，Ni，Al 及びそれらの酸化物を含むことがわかった［35］。燃料デブリの特性は TMI-2 炉心からの採取位置によって異なるが，その多くは $(U, Zr)O_2$ が主成分であり，一部金属リッチな相も含む組織を示している［36］。表 5.4 は組織観察及び局所元素分析の結果から，燃料，被覆管，制御棒等の炉心構造物が事故後にどのような化学形に変化したかをまとめたものである［37］。

　放射化学分析により，事故時の温度が低い炉心内の位置から採取された試料の Cs 残留率は比較的大きいが，溶融固化した下部ヘッドなどから採取した試料の Cs 残留率はきわめて小さく，高温に晒されたことにより

表 5.4　TMI-2 事故における炉心構造物材料の化学形変化 [37]

炉心構造物	事故前の化学形	事故後の化学形
燃料	UO_2	1. UO_2 2. ZrO_2 3. UO_2-ZrO_2 共晶 [O/M(UO_2) = 2.03 ～ 2.13]
被覆管	ジルカロイ -4	
制御棒被覆管他	304 系ステンレス鋼	鉄系相 1. Fe, Ni, Cr, Al の酸化物 2. Fe-Sn，Fe-Ni 系共晶
制御材	Ag-15 In-5 Cd	1. UO_2-ZrO_2 共晶中の銀粒子 2. Fe 系溶融物で Cr を核とした Ag の析出
可燃性毒物	Al_2O_3-B_4C	1. Fe 系相への Al の移行 2. B は未検出；起こりそうな事象は水への溶解 　　又は Cs の反応
スペーサーグリッド	インコネル 718	Fe, Cr, Ni 混合酸化物として UO_2-ZrO_2 溶融物 中に分散

揮発性の高い Cs が放出されたと推測される結果が得られている [38, 39]。その他の核分裂生成物の測定値と ORIGEN の計算を比較することで求めた各核種の残留率としては，例えば下部ヘッド部から採取した試料では，^{90}Sr と ^{144}Ce のほとんどがデブリ試料中に残留している一方，^{106}Ru，^{125}Sb，^{129}I は燃料デブリ試料には残留しておらず，ほとんどが放出されたと評価されている [40]。

　TMI-2 の試料調製において，従来の硝酸溶解プロセスでは試料溶解が困難であったとの報告がある [41]。難溶解性物質と想定される燃料デブリの溶液化手法としては，アルカリ融解を用いた手法が有力候補と考えられており，TMI-2 燃料デブリを完全溶解した実績がある [42]。

　その他，燃料デブリに対する物性についての研究も進められており，TMI-2 試料の熱拡散率が測定されている [43]。それによると，金属相からなる燃料デブリ試料は UO_2 よりも高い熱拡散率を示すが，酸化物相を主成分とする燃料デブリ試料では，Zr の酸化物を含むこと，試料の気孔率が高いことが主な要因として熱拡散率が UO_2 よりも小さい結果が得られている [43]。また，東京電力 1F 事故で生じた燃料デブリの性状把握に

資するための基礎知見を得るため，TMI-2 試料を用いた各種試験が行われ始めている［44，45］。

(2) 燃料デブリ分析精度向上プロジェクト

1F の事故炉からの燃料デブリ取り出し開始が迫るなか，2020 年度に日本原子力研究開発機構（JAEA）が補助事業者となり，政府プロジェクトの一環として「燃料デブリの分析精度の向上」に係る技術開発が行われた［46］。ここでは，プロジェクト実施時点で使用済核燃料といったデブリに近い性状の対象の分析に用いられてきた前処理や分析の技術さらに設備を用いて，対象の「形態」，「核種・元素量」，「相状態・分布」，及び「密度等」の4つの基本量に対する，各分析技術の特徴，各分析結果が有するばらつきや偏り（まとめて「分析精度」という），及び分析精度に影響を及ぼす因子を明らかにし，複数の分析手法の中からサンプルの性状に応じて適切な手法を選択できる判断基準を整備していくことを目的として設定された。この目的のために，図 5.7 に示した実施体制が整備された。

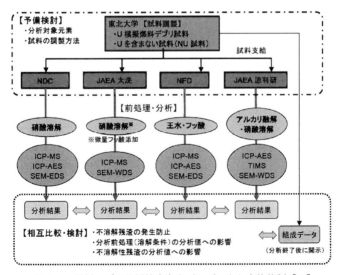

図 5.7　燃料デブリ分析精度向上プロジェクト実施体制［46］

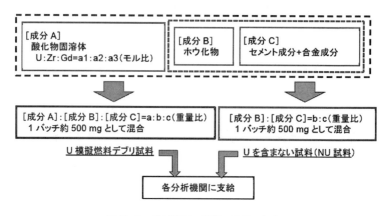

図 5.8　分析試料の調製の概要［46］

　ここでは，始めに分析試料調製担当機関である東北大学が，組成を分析担当機関（JAEA 原子力科学研究所「JAEA 原科研」，同・大洗研究所「JAEA 大洗」，MHI 原子力研究開発株式会社「NDC」，日本核燃料開発株式会社「NFD」）に非開示にした状態で，ウランを含む模擬燃料デブリ試料とウランを含まない試料を試薬混合や高温加熱合成により調製した。それぞれの試料の構成は図 5.8 に示す通りで，実際のデブリ分析においても重要元素と成り得る U，Zr，Gd，Fe，B，Cr，Ni，及び Si の 8 元素を含有する試料とした。試料の基本成分としては BWR の事故進展で想定される材料の特徴を踏まえ，UO_2–ZrO_2 系の酸化物固溶体，Fe 系のホウ化物，圧力容器及び格納容器の構成材料を加えた。それぞれ，燃料集合体（ウラン燃料，ジルカロイ製被覆管及びチャンネルボックス）由来の溶融固化物，燃料集合体（ウラン燃料，ジルカロイ製被覆管及びチャンネルボックス）由来の溶融固化物，および格納容器床面のコンクリートや，ステンレス等の合金系の構造材を想定して選択された。

　均一に調製された分析試料は，各分析機関に分配され，始めに試料の初期観察として電子顕微鏡観察や粉末 X 線回折測定等が行われ，次に図

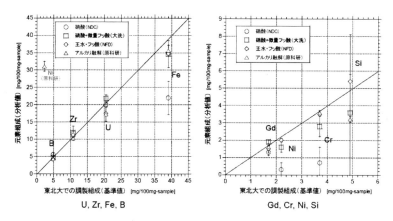

図 5.9　分析から導出した元素組成と試料合成時の調整組成値の比較［46］

5.7 に示したように前処理として溶解作業が行われた。ここでは，分析機関ごとに硝酸溶解，王水＋フッ酸溶解，アルカリ融解＋硝酸溶解という異なる処理法が用いられた。このため一部の処理法では不溶解性残渣の発生が確認され，それらは集積され，電子顕微鏡観察や粉末 X 線回折測定等による分析および蛍光 X 線分析による元素組成の半定量が行われた。最後に溶解液に含まれる元素組成を ICP-MS や ICP-AES で分析を行なった。

　溶解液の分析結果と不溶解性残渣の分析結果を統合させ，分析試料中の各元素の含有量に換算し，その分析値を試料合成時の調製組成値と比較した結果を図 5.9 に示す。この試験では B，Zr，U，Gd については概ね全ての分析結果と調製組成値が整合的であった。一方，Fe，Ni，Cr，Si の元素群は分析結果は調製組成値よりも低い値として評価され，かつ各分析機関間で分析値のばらつきが大きくなった。この理由としてはこれらの元素群は不溶解性残渣に行く割合が高く，残渣の元素組成分析が ICP-MS 等と比べると定量性が劣る，蛍光 X 線分析に依っている事が原因と評価された。

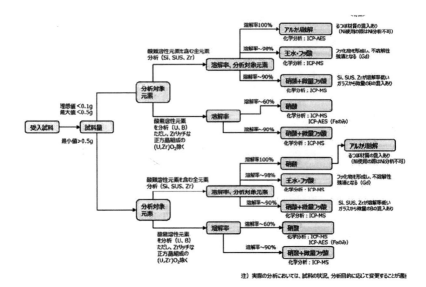

図 5.10　化学分析による元素組成比評価に係る暫定的な「推奨」フロー［46］

　最後にこのプロジェクトで明らかとなった各分析技術の分析精度，適用
範囲と課題を踏まえて，燃料デブリの暫定的な推奨分析フローが提案され
た（図 5.10）。このフローは化学分析によるデブリの元素組成比評価を目
的としたものであり，分析に供する事の出来る試料の量や対象元素によっ
て前処理方法などを使い分けることを推奨している。この「燃料デブリ分
析精度向上プロジェクト」は 2020 年度以降も継続しており，今後「核種・
元素量」のほか，「形態」，「相状態・分布」，「密度等」を効果的に把握する
ような手順の構築が成される予定である。

参考文献

［1］日本原子力学会「福島第一原子力発電所事故による発生する放射性廃棄物の処理・
処分」H25 報告書
［2］日本原子力研究開発機構 原子力科学研究所

web サイト https://www.jaea.go.jp/04/ntokai/fukushima/fukushima_02.html

［3］K. Tanaka et al., Effects of interaction between molten zircaloy and irradiated MOX fuel on the fission product release behavior. J. Nucl. Sci. Technol., 51（2014）876-885.

［4］A. Ishimi et al., Distributions of density and fission products in the reaction product between irradiated MOX fuel and molten zircaloy-2, J. Nucl. Sci. Technol., 54（2017）1274-1276.

［5］M. Suzuki et al., Sample preparation techniques for post irradiation examinations in the Reactor Fuel Examination Facility, 55 th Annual Meeting on Hot Laboratories and Remote Handling（HOTLAB 2018），2018.

［6］日本表面科学会編，電子プローブ・マイクロアナライザー，（1998）

［7］C. T. Walker, Electron probe microanalysis of irradiated nuclear fuel: an overview, J. Anal. At. Spectrom., 14 (1999) 447-454.

［8］長島弘三 "溶解に用いられる試薬－酸と塩基－" ぶんせき，9 (1979)，572-579.

［9］多田格三 "溶かし方の基本操作－全溶解－" ぶんせき，11 (1979)，758-766.

［10］田口勇 "溶かし方の基本操作－部分溶解－" ぶんせき，12 (1979)，840-847.

［11］松本健 "難溶性物質の分解法"，ぶんせき，2 (2002)，60-66.

［12］上養義則 "分解法と薬品の取り扱い" ぶんせき，2 (2008)，54-60.

［13］小島功 "マイクロ波加熱による固体試料の酸分解" ぶんせき，1 (1992)，14-19.

［14］桂敬 "溶解に用いられる試薬－融剤－" ぶんせき，10 (1979)，648-655.

［15］松本健 "アンモニウム塩融解法による難溶性金属酸化物の迅速分解" ぶんせき，8 (1994)，653-657.

［16］C.J.Miller "Review of destructive assay methods for nuclear materials characterization from the Three Mile Island（TMI）fuel debris" INL/EXT-13-30078（2013）

［17］H.Ikeuchi, M.Ishihara, K.Yano, N.Kaji, Y.Nakajima, T.Washiya, "Dissolution Behavior of $(U,Zr)O_2$-based simulated fuel debris in nitric acid" J. Nucl. Sci. Technol., 51（2014），996-1005.

［18］佐藤修彰，桐島陽，"環境資源工学"，57,（2011），135-140.

［19］O.Matsuzawa, K.Akamatsu, Y.Ikku "Fiber-based ICP optical emission spectrometer" European patent application, EP2784457A1 (2014)

［20］S.A.Borman "Microwave dissolution" Anal .Chem., 60,715A-716A（1988）

［21］M.L.Dietz, E.P.Horwitz, A.H.Bond "Extraction Chromatography : Progress and opportunities" Metal-ion Separation and Preconcentration, Chapter 16, American Chemical Society (1999)

［22］田口茂 "分析化学における固相抽出法" ぶんせき，7 (2008)，343-349.

［23］V.A.Fassel, R.N.Kniseley "Inductively coupled plasma-optical emission spectrometry" Anal. Chem., 46 (1974)，1110A-1120A.

［24］B.Shushan, E.S.K.Quan, A.Boorn, D.J. Douglas, G.Rosenblatt "Materials Characterization using elemental and isotopic analysis by inductively coupled plasma mass spectrometry" Microelectronics Processing: Inorganic Materials Characterization Chapter 17, American Chemical Society (1986)

［25］山田，高橋 "コリジョン・リアクションセル技術の展開－トリプル四重極型ICP-MS

ヘー"分析化学 67 (2018), 249-279.

[26] T.Takahashi, S.Watanabe "Recent progress in CdTe and CdZnTe detectors" IEEE Trans. Nucl Sci. 48 950-959 (2001)

[27] R.D.Horansky, J.N.Ullom, J.A.Beall, G.C. Hilton, K.D. Irwin, D.E.Dry, E.H.Hastings,S. Plamont, C.R.Rudy, M.W.Rabin "Superconducting calorimetric alpha particle sensors for nuclear nonproliferation applications" Appl. Phys. Lett,93, 123504 (2008)

[28] B.Kearton, Y.Mattley "Laser-induced breakdown spectroscopy Sparking new applications" Nature photonics technology focus, 2, 7-10 (2008)

[29] Y.Ohtsuka, Y.Takaku, K.Nishimura, J.Kimura,S. Hisamatsu, J.Inaba "Rapid method for the analysis of plutonium isotopes in a soil sample within 60 min" Anal. Sci,22,309-311 (2006)

[30] L.Povo "Determination of uranium isotopes in environmental samples by anion exchange in sulfuric and hydrochloric acid media" Appl.Radiation and Isotopes 115,274-279 (2016)

[31] S.Bajo, J.Eikenberg "Electrodeposition of actinides for alpha-spectrometry" J. Radio Anal. Nucl. Chem 242,745-751 (1999)

[32] J. R. Wolf et al., TMI-2 Vessel Investigation Project Integration Report, NUREG/CR-6197 (1994).

[33] 渡会偵祐　他，TMI-2 号機の調査研究成果，日本原子力学会誌，32 (1990) 338-350.

[34] D. W. Akers et al., TMI-2 examination results from the OECD/CSNI program Vol.1 and 2, EGG-OECD-9168, (1992).

[35] R. V. Strain et al., Fuel relocation mechanisms based on microstructures of debris, Nucl. Technol., 87 (1989) 187-190.

[36] C. S. Olsen et al., Materials interactions and temperatures in the Three Mile Island unit 2 core, Nucl. Technol., 87 (1989) 57-94.

[37] P. D. Bottomley and M. Coquerelle, "Metallurgical examination of bore samples from the Three Mile Island Unit 2 reactor core" Nucl. Technol., 87 (1989) 120-136.

[38] D. W. Akers et al., TMI-2 core bore examinations, Vol.1 and 2 GEND-INF-092, (1992).

[39] 上塚寛　他，TMI-2デブリに対するガンマ線分析，JAERI-Research 95-084, (1995).

[40] C. S. Olsen et al., Examination of debris from the lower head of the TMI-2 reactor, GEND-INF-084, (1988).

[41] D. W. Akers et al., TMI-2 core debris grab samples – examination and analysis Part 1 and 2, GEND-INF-075, (1986).

[42] 松村達郎　他，福島第一原子力発電所破損燃料の溶解法の検討(2) TMI-2 デブリの溶解試験，日本原子力学会 2015 年春の年会，L19.

[43] F. Nagase and H. Uetsuka, Thermal properties of Three Mile Island Unit 2 core debris and simulated debris, J. Nucl. Sci. Technol., 49 (2012) 96-102.

[44] M. Takano et al., Revisiting the TMI-2 core melt specimens to verify the simulated corium for Fukushima Daiichi NPS, 54 th Annual Meeting on Hot Laboratories and Remote Handling (HOTLAB 2017), 2017.

［45］中村聡志　他，燃料デブリの化学分析に向けた TMI-2 デブリを用いた分析手法の実証試験と課題抽出，日本原子力学会 2022 年秋の大会，3D09.

［46］燃料デブリの分析精度向上のための技術開発 2020 年度成果報告（廃炉・汚染水対策事業費補助金）池内宏知，小山真一，逢坂正彦，高野公秀，中村聡志，小野澤淳，佐々木新治，大西貴士，前田宏治，桐島　陽，秋山大輔，JAEA-Technology 2022-021,（2022）

第6章 燃料デブリの放射線化学

6.1 放射線による化学変化

　燃料デブリの化学的な変化を引き起こす要素の一つとして放射線の効果を挙げることができる。放射線は高エネルギーの光子や粒子であり、代表的なものを挙げれば X 線・γ 線（光子）や β 線（電子）、α 線（He 原子核）、中性子線（中性子）等が知られている。放射線による物質の化学変化は、主に電気的な相互作用による電離や励起によって引き起こされる。励起された物質や電離によって生じる余剰電子、その対として生じる正孔や不対電子を持つカチオン（ラジカルカチオン）は、一般論として高い反応性を有し、周囲の物質と反応し、複雑なラジカル反応過程が進行する。このような、電離・励起と後続するラジカル反応によって引き起こされる化学反応を放射線化学反応と呼ぶ。

　燃料デブリは様々な放射性核種を含んでおり、その放射能も極めて高いと想定されるため、放射線化学反応の影響を受ける。この状況は、使用済核燃料でも同様であり、核分裂生成物（FP）やアクチノイド核種からの放射線が化学反応を引き起こす。そのため、使用済核燃料に関する知見は燃料デブリの放射線化学を理解する上で重要な基礎となる。使用済核燃料の放射線化学は、米国や北欧諸国で採用されている直接地層処分技術の基礎知見として研究の蓄積があり、水の放射線分解の影響を受けて、核燃料を母材として構成する UO_2 が酸化され、水に溶けやすい 6 価のウラン化合物や水溶性のウラニルイオン（UO_2^{2+}）が生成することが知られている。その反応スキームをシンプルに示せば図 6.1 のようになる。

　燃料デブリの放射線化学についても、その全体像を描くには不十分であるが、この放射線による酸化に関する研究例が報告されている。本章では、最も基礎的な水の放射線分解から始め、ウラン酸化物と使用済核燃料の放射線化学反応について概説した上で、燃料デブリについて研究例を紹介する。

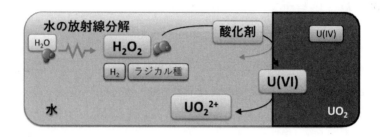

図 6.1　放射線化学反応による UO_2 の酸化反応

6.2　水の放射線分解

6.2.1　放射線分解生成物と初期過程

　放射線化学は様々な物質を対象として研究されてきたが，原子炉冷却水の水質管理や放射線生体影響の基礎として水が最も盛んに研究され，反応機構も詳細に分かっている。より広範な放射線化学についての説明は専門書に譲り [1,2]，本節では燃料デブリやウラン酸化物の放射線化学反応を理解する基礎として，水の放射線分解について簡単に取り上げる。

　液体の水に放射線を照射すると水分子の分解が起きて，主に水素（H_2）や過酸化水素（H_2O_2）が生成する。また，反応性が高く不安定な化学種なので生成物としては残らないが，水和電子（e^-aq）や OH ラジカル（$^\cdot OH$），水素原子（$H^\cdot$）が生成する。これらの化学種がどのくらい発生するかは，放射線の種類や放射線の持つエネルギーに依存して変わってくる。代表的な放射線として，γ 線 [3] と α 線 [4] による水の放射線分解による生成物の収量（G 値）を表 6.1 に示す。G 値は，放射線によるエネルギー付与 100 eV あたりに生成する分子やイオン，ラジカルの数を示している。当然 SI 単位系ではないが，現在でもこの慣用的な単位が使われることが多いため，換算せずに記載した。なお，$1\#/100\,eV = 1.036 \times 10^{-7}\,mol/J$ である。

　これら G 値は，放射線の種類やエネルギーの他にも，放射線分解が

表 6.1　水の放射線分解生成物の収量（G 値）[3,4]

g(e_{aq}^-)	g($\cdot$OH)	g(H$\cdot$)	g(H_2O_2)	g(H_2)	g($HO_2\cdot$)
γ -radiolysis					
2.75	2.81	0.6	0.71	0.44	0
α -radiolysis					
0.06	0.25	0.21	0.98	1.3	0.22

起きてからの経過時間と温度に依存し，高濃度の溶質を含む水溶液で
は，溶質濃度の影響を受ける。表 6.1 の G 値は常温の純水の場合で，放射
線分解から 1μs 後の数値となっている。この 1μs 後の G 値を区別してプ
ライマリー G 値と呼ぶことがある。その理由は，放射線分解から 1μs 程度
で，放射線化学反応に特有な空間的に非均質な反応過程が終わり，それ
以降の化学反応には特別な取り扱いが必要なくなるためである。そのた
め，放射線化学反応の数値解析を行う場合にはプライマリー G 値がよく参
照される。これよりも短時間で起きる速い反応過程では，放射線分解が起
きた座標を中心として，e$^-$aq や $\cdot$OH といった生成物の密度の高い領域が
形成され，その構造が拡散によって緩和しつつ，同時に化学反応が進むと
いうプロセスとなる。G 値が様々な化学パラメータに依存するのは，この
初期過程によるものである。

6.2.2　水中での分子やイオンのラジカル反応

　前項では水の放射線分解について述べ，放射線分解から 1μs 後の G 値
を紹介した。水溶液中での放射線化学反応では，水の分解で生じた H_2 や
H_2O_2，ラジカルが様々な反応を引き起こす。その反応は，溶質の種類と
の組み合わせに依存して多様であるが，ここでは燃料デブリの放射線化学
を理解する上で重要な溶存酸素（O_2）や H_2 の反応について概説する。ま
た，将来の処分では地下水中の化学挙動を考えることになるため，地下水
の放射線分解において重要な炭酸イオン（CO_3^{2-}），炭酸水素イオン
（HCO_3^-）の放射線化学反応を紹介する。

　まずは，O_2 の影響について取り上げたい。O_2 は水の分解で発生する還

元性の e^-aq や $\cdot$H と次のように反応する。

$$O_2 + e^-_{aq} \rightarrow O_2^{\cdot -} \tag{6-1}$$

$$O_2 + H^{\cdot} \rightarrow HO_2^{\cdot} \tag{6-2}$$

これらの反応で生じる $O_2^{\cdot -}$ や $HO_2^{\cdot}$ は，不均化反応によって H_2O_2 を生成する。そのため，空気雰囲気のように溶存 O_2 が存在する条件では放射線分解によって生じる H_2O_2 の濃度が高くなり，液性が酸化的になる。このような液性では，ウランの酸化的な溶解が促進されることになる。

一方で，H_2 は次式のように $\cdot$OH と反応することで，O_2 とは逆の効果を示す。

$$H_2 + {\cdot}OH \rightarrow H^{\cdot} + H_2O \tag{6-3}$$

(6-3) で生成する $H^{\cdot}$ は，今度は H_2O_2 と次のように反応し $\cdot$OH を再生する。

$$H^{\cdot} + H_2O_2 \rightarrow {\cdot}OH + H_2O \tag{6-4}$$

(6-3) と (6-4) は連鎖反応になっており，Allen cycle と呼ばれる。この連鎖反応は，H_2 を溶存させることで，水の放射線分解による H_2O_2 濃度を低減することができることを示しており，原子炉の冷却水に水素を注入して，鋼材の腐食環境を改善する技術の化学的な原理にもなっている [5]。

このような O_2 と H_2 の効果を視覚的に示すために，例として数値解析によって γ 線での H_2 および O_2，H_2O_2 の生成挙動を計算した。線量率は 1 $kGy\,h^{-1}$ としている。酸素溶存条件 ($1 \times 10^{-4}\,mol\,dm^{-3}$) での計算結果と，$O_2$ と等量もしくは 2 倍量の H_2 を添加した場合の計算結果を図 6.2 に示す。H_2 添加なしの結果では H_2O_2 が生成し，$0.5 \times 10^{-4}\,mol\,dm^{-3}$ 程度で一定となるが，H_2 を添加すると H_2O_2 の蓄積が抑制され，2 倍量の H_2 を添加

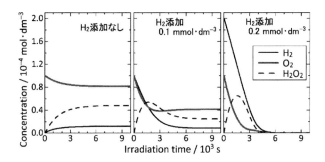

図 6.2　水の放射線分解による H_2 および O_2, H_2O_2 の反応挙動

した条件では，一度生成した H_2O_2 が Allen cycle で消費されることが分かる。なお，このような単純な条件の計算でも 30 以上の反応式とその速度定数で構成される微分代数方程式を解くことになるので，放射線化学反応の解析は専ら数値計算で行われる [3]。

　上述の反応式からも分かるように，水の放射線分解では，H_2 や H_2O_2，O_2 は生成と消費が同時に起きる。そのため，外部との物質移動のない閉鎖系では，生成と消費が釣り合ったところで，図 6.2 のように過渡平衡の状態に至る。特にラジカルの収量が高い γ 線等の場合には（表 6.1），この過渡平衡の状態に達するまでにあまり時間を要しない。そのため，長期的な化学変化を考える場合には，過渡平衡の状態にある H_2O_2 や O_2 の濃度を用いて水の放射線分解の影響を評価するというアプローチもしばしば取られる [6]。

　次に，炭酸塩を含む水溶液中での放射線化学反応を紹介する [7]。炭酸塩水溶液中では HCO_3^-/CO_3^{2-} が $^\bullet OH$ と反応する。

$$HCO_3^-/CO_3^{2-} + {}^\bullet OH \rightarrow CO_3^{\bullet -} + H_2O/OH^- \tag{6-5}$$

加えて，$^\bullet OH$ と比較すると遅い反応ではあるが，e^-_{aq} や $H^\bullet$ とも反応性が

ある。

$$HCO_3^- + H^\bullet \rightarrow CO_3^{\bullet-} + H_2 \qquad (6\text{-}6)$$

$$CO_3^{2-} + e^-_{aq} \xrightarrow{H_2O} CO_2^{\bullet-} + 2OH^- \qquad (6\text{-}7)$$

さらに，pH 条件によるが，分子状の CO_2 が有意に溶存する場合は，e^-_{aq} と高い反応性を示す。

$$CO_2 + e^-_{aq} \rightarrow CO_2^{\bullet-} \qquad (6\text{-}8)$$

このように，炭酸塩水溶液中では，純水中の放射線化学反応で重要な役割を持っていた e^-_{aq} と $^\bullet OH$，$H^\bullet$ がいずれも $CO_3^{\bullet-}$ および $CO_2^{\bullet-}$ となり，純水中とは異なるラジカル反応が進む。その結果，放射線反応の生成物として，溶液の条件によっては，ギ酸イオン（$HCOO^-$）やシュウ酸イオン（$(COO)_2^{2-}$）が生成することが知られている。既往研究で報告された化学反応について，主要な反応経路をスキームとしてまとめれば，図 6.3 のようになる。

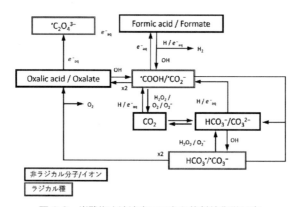

図 6.3　炭酸塩水溶液中での主な放射線化学反応

6.3　ウラン酸化物・使用済核燃料の放射線化学反応

6.3.1　放射線分解生成物による UO_2 の表面酸化

　前節までは放射線化学の基礎として水と水溶液の反応について述べてきたが，ここからは図 6.1 に戻って，燃料デブリを考える上で不可欠な元素であるウランに話を移し，水とウラン酸化物との界面で起こる反応に注目したい。

　ウラン酸化物の放射線反応は，使用済核燃料の直接処分を背景として研究されてきたため，UO_2 の反応が最もよく理解されている [8]。固体の UO_2 を水の中に入れて放射線を照射すると，図 6.1 のように UO_2 の表面が酸化されて，UO_2^{2+} が溶け出してくる。放射線による UO_2 表面の酸化の過程については，水の放射線分解と生成物の表面反応を組み合わせた解析モデルが開発されている。それによれば，水の放射線分解生成物のうち最も重要な化学種は H_2O_2 であると報告されている [9]。

　溶液の条件によって解析結果は多少変動するが，ラジカル種の生成量が多い γ 線の場合でも（表 6.1），照射によるウラン酸化の 70 ～ 90％は H_2O_2 の寄与であると評価されている。例外は H_2 溶存条件であり，(6-3)，(6-4) 式による Allen cycle が働く結果，図 6.2 のように H_2O_2 の濃度が抑制されることでその寄与は低下し，ラジカル種による酸化反応の寄与が大きくなる。分子状の生成物が多い α 線の場合には，H_2O_2 の反応はさらに支配的で，H_2 が溶存する場合でも H_2O_2 による反応が 100％に近い寄与を占める。

　放射線反応による UO_2 の酸化反応で，H_2O_2 が主な酸化剤になるという評価は少し直感に反するところがある。それは，$^{\bullet}OH$ のようなラジカル種の方が強い酸化剤だからである。実際に，一電子還元反応の標準電極電位の値は，$^{\bullet}OH\,(1.9\,V)$ の方が $H_2O_2\,(0.87\,V)$ よりも大きい [10]。にもかかわらず，H_2O_2 の反応の寄与が大きいのは，$^{\bullet}OH$ は溶液中の反応で速やかに消費されるのに対して，H_2O_2 はある程度蓄積され，照射下での H_2O_2 濃度が $^{\bullet}OH$ 濃度よりも数桁高くなるためである。同様の理由で，一部の反応性の低いラジカル（例えば $CO_3^{\bullet-}$）を除いて，$^{\bullet}OH$ に限らずラジカル

種はUO_2表面の反応にあまり寄与しない。ただし，H_2O_2の濃度を決定するのはラジカルの挙動であるため，放射線によるUO_2の酸化は溶液中でどのような放射線反応が進むのかに強く依存する。

　H_2O_2による酸化は水中でのUO_2の放射線反応で最も重要な反応のひとつであるが，その反応挙動については未解明の点も残っている。例えば，表面反応の速度定数はUO_2の表面酸化が進むと，それに依存して低下するのだが，その依存性は定量的な理解が得られていない［11］。また，反応スキームについても，H_2O_2酸化には・OHのような反応中間体が存在すると考えられているが結論は出ていない［12］。これらの研究が進めば，より信頼性の高い，様々な条件に適用できる解析モデルの構築につながると考えられる。

6.3.2　過酸化水素が引き起こす様々な反応

　水の放射線分解によって引き起こされるUO_2の表面酸化ではH_2O_2が大きな寄与を持つことを述べたが，H_2O_2は表面酸化だけでなく，他にも興味深い反応を引き起こすことが知られている。ここでは，ウラン酸化物表面でのH_2O_2の接触分解，ウラニル過酸化物の生成，UO_2^{2+} − $H_2O_2^-$炭酸イオンの三元錯体の形成について紹介する。図6.4には，UO_2との界面で起きる反応過程における，これらの反応の関係を示した。

　まずH_2O_2の接触分解については，理科で習った二酸化マンガンとH_2O_2の反応を思い出してもらいたい。触媒反応の例として，H_2O_2を分解してO_2を発生させる反応を実験したという方も少なくないと思う。これと同様の反応がUO_2の表面でも起きる。ただし，UO_2の場合は表面ウランの酸化と同時並行で進む。

$$UO_2 + H_2O_2 \rightarrow UO_2^{2+} + 2OH^- \tag{6-9}$$

$$H_2O_2 \overset{UO_2}{\rightarrow} \frac{1}{2}O_2 + H_2O \tag{6-10}$$

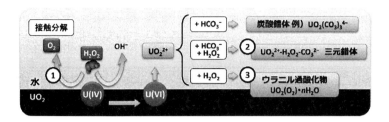

図 6.4　UO_2 と水との界面で起きる H_2O_2 の反応：① H_2O_2 の接触分解　② $UO_2{}^{2+}$
－ H_2O_2 －炭酸イオンの三元錯体の形成　③ウラニル過酸化物の生成

　この 2 反応は H_2O_2 を奪い合う競争反応の関係になる。どちらの反応が
優勢に進むかは反応条件に依存し，H_2O_2 の濃度が高いほど（6-10）の接
触分解に有利な条件となる［12］。この H_2O_2 濃度依存性が観測されるこ
とが，前項で述べた反応中間体が存在するとされる根拠であり，H_2O_2 の
1 電子還元で生じる $^{\cdot}OH$ がウランの酸化ではなく，別の H_2O_2 と反応する
ことで（6-10）の反応が進むと考えられている。
　次にウラニル過酸化物であるが，これは H_2O_2 と $UO_2{}^{2+}$ との反応で生じ
る化合物で，水溶性が低いのが特徴である。

$$UO_2{}^{2+} + H_2O_2 \xrightarrow{H_2O} UO_2(O_2)\cdot nH_2O + 2H^+$$
$$(n = 2 \text{ or } 4) \qquad (6\text{-}11)$$

　水和数の違う 2 種類の状態，$UO_2(O_2)\cdot nH_2O\,(n = 2 \text{ or } 4)$ が知られてい
る。天然でも産出する鉱物であり，4 水和物をシュトゥット石（Studtite：
$UO_2(O_2)\cdot 4H_2O$），2 水和物をメタシュトゥット石（Metastudtite：UO_2
$(O_2)\cdot 2H_2O$）と呼ぶ。純水中で UO_2 と H_2O_2 とを反応させると，UO_2
$(O_2)\cdot nH_2O$ が表面に生成する。$UO_2(O_2)\cdot nH_2O$ は中性や酸性の水溶液
中では安定だが，アルカリ性の溶液中ではナノサイズのクラスターとなっ
てコロイド溶液となることが知られている［13］。

このUO$_2$(O$_2$)・nH$_2$Oが表面に固相を形成する条件では，表面の酸化反応の進行を抑制する効果がある。そのため，放射線やH$_2$O$_2$によるUO$_2$の酸化溶解反応の研究では，反応挙動がUO$_2$(O$_2$)・nH$_2$Oの形成に影響を受けないように，炭酸塩を水溶液に加えていることが多い。十分な濃度のHCO$_3^-$/CO$_3^{2-}$を含む水溶液中では，UO$_2^{2+}$は炭酸錯体を形成して溶存する。

$$UO_2^{2+} + nCO_3^{2-} \rightarrow UO_2(CO_3)_n^{-2n+2}$$

$$(n = 1, 2, \text{or } 3) \qquad (6\text{-}12)$$

既往研究では炭酸塩水溶液を用いてUO$_2^{2+}$の溶解度を高めることで，UO$_2^{2+}$とH$_2$O$_2$との反応は無視できるとの前提で反応の解析が行われている場合が見られるが，最近の研究によりこのような前提は成立しないことが指摘された[14]。その理由は，炭酸塩とH$_2$O$_2$とを含む水溶液中では，UO$_2^{2+}$ - H$_2$O$_2$ - 炭酸イオンの三元錯体が形成されるが，この錯体中に取り込まれたH$_2$O$_2$はUO$_2$表面に対して反応性を失うためである。

6.3.3　使用済核燃料の放射線化学反応に対する安定性

使用済核燃料の放射線による化学変化は，UO$_2$の放射線化学反応に関する知見に基づいて理解されている。すなわち，水の放射線分解で生成するH$_2$O$_2$等の酸化剤によって表面が酸化され，6価に酸化されたウランは溶液の組成に依存して溶出するか，もしくはウラニル化合物の固相を析出させる。しかし，その溶出や変質の進む速さはUO$_2$に比べて遅く，放射線環境下での安定性が高いことが分かっている。使用済核燃料が放射線に対して安定な化学的特徴を持つ理由については，模擬使用済核燃料を使った実験的な研究により調べられ，母材UO$_2$の酸化反応に対する安定化と白金族元素の析出物が触媒となるH$_2$の活性化が明らかにされている。

まず母材UO$_2$の安定化については，様々なFPやアクチノイド核種の全

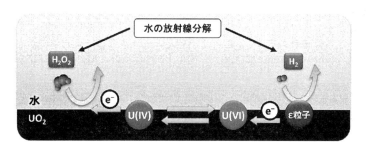

図6.5　ε粒子によるH_2の活性化とUO_2表面酸化の抑止

てが調べられているわけではないが，3価希土類元素であるガドリニウム
（Gd）［15］やイットリウム（Y）［16］を添加したUO_2では明瞭な効果が
観測されている。例えば，Gd を 8%添加したUO_2では，添加元素を含ま
ないUO_2と比べて，H_2O_2の反応によるウランの溶出量が 1 桁以上減少す
ることが報告されている。希土類元素による安定化は空気中での酸化につ
いても報告されており，UO_2はこれらの元素と固溶体を形成することで，
酸化反応に対して安定性が高まることが分かっている［17］。この効果
は，より複雑なランタノイド4元素，白金族3元素，ストロンチウム（Sr），
ジルコニウム（Zr），モリブデン（Mo），バリウム（Ba）を添加した模擬
使用済核燃料（SIMFUEL）を用いた実験でも確認されている［18］。さ
らに FP だけでなく，プルトニウム（Pu）も同様の安定化効果を示すこと
も知られている。U・Pu 混合酸化物で形成される MOX 燃料を用いたγ線
照射試験の結果では，プルトニウム濃度が高い領域は放射線反応に対し
て耐性を示し，ウラン濃縮相が選択的に酸化されることが観測されている
［19］。

　もう一方の，H_2の活性化も，使用済核燃料の溶解挙動を理解する上で
重要である［8］。使用済核燃料の中に FP として含まれる白金族元素は合
金を形成して析出する。この合金相はε粒子とも呼ばれ，ルテニウム
（Ru）やパラジウム（Pd），ロジウム（Rh），Mo，テクネチウム（Tc）が

含まれる。この ε 粒子は H_2 に対して触媒活性を示し，使用済核燃料の表面が酸化されるのを抑制すると考えられている。ε 粒子と H_2 による酸化反応の抑制の模式図を図 6.5 に示す。H_2O_2 によるの酸化反応の実験や電気化学的な腐食電位の測定で，H_2 雰囲気と ε 微粒子の組み合わせに酸化抑制効果があることが認められている。H_2 は水の放射線分解の生成物のひとつとして発生することに加え，地層処分を考えた場合は，さらに多量の H_2 が金属製の処分容器の嫌気性腐食で発生すると想定されている。この H_2 の活性化効果を組み込んだ使用済核燃料の溶解速度の解析例もあり，わずか 10 kPa 程度の H_2 分圧で酸化による溶解がほとんど進まなくなるという計算結果も報告されている［6］。

6.4 放射線によって起こる燃料デブリの化学反応
6.4.1 Chernobyl デブリの劣化生成物

燃料デブリが内包する核種からの放射線を受けてどのような化学的な変化を起こすのかを考えるとき，CHNPP 事故で溶融した燃料を含有する物質の調査研究が参考になる［20, 21］。Chernobyl 原子力発電所事故では大量の溶融燃料が溶岩状に流れたことから "Lava" と呼ばれることがある。デブリ，Lava，コリウム，燃料含有物質と様々な呼称があるが，ここではデブリと呼ぶことにする。

Chernobyl 事故では溶融した燃料とコンクリートや遮蔽体として使われていたケイ酸塩鉱物との反応が進展し，黒色や褐色のガラス状の母材を持つデブリが形成された［22］。その成分には 20%〜 40%程度のケイ素が含まれ，ケイ酸ガラスの母材の中に様々な内包物が取り込まれた構造を取る。内包物には，ウラン酸化物相やウランとジルコニウムの酸化物固溶体（$(U, Zr)O_2$），ウラン含有率の高いジルコン（$(Zr, U)SiO_4$），鉄－クロム－ニッケルを主成分とする金属相などが観察されている。この他にもコンクリート等と反応せずに固化したと考えられるデブリも採取されており，組成は不均一であるが主に鉄酸化物であり，ウランとジルコニウムを主成分とする酸化物相が内包物として観察されている。

このような Chernobyl デブリの表面に変質が起きることは，事故から数年後の調査で既に報告されている［20］。デブリの表面には化学的な変質相と考えられる黄色の鉱物の生成が認められた。分析の結果，シュトゥット石やシェップ石（Schoepite：$(UO_2)_8 O_2 (OH)_{12}\cdot 12H_2O$），ラザフォード石（Rutherfordine：$UO_2CO_3$）などのウラニル化合物が変質相には含まれていた。これらのウラニル化合物の形成は，Chernobyl デブリが酸化によって変質したことを示している。放射線化学の観点からは，$UO_2(O_2)\cdot 4H_2O$ が観測されている点が注目される。Chernobyl デブリは大気中の酸素や水蒸気に曝露されているため，酸化が進みやすい環境に置かれていたと考えられる。そのため，ウラン含有相の酸化にどこまで H_2O_2 の寄与があったかは定かではないが，$UO_2(O_2)\cdot 4H_2O$ は前述のとおり H_2O_2 の作用で生成するウラニル化合物であり，放射線化学反応の影響が示唆される。

6.4.2　U-Zr 酸化物の酸化耐性

燃料デブリの経年的な化学変化は実際に観測されているものの，その進展の程度を予想することは難しい。デブリは様々な物質の混合物であるため，その化学的な特性を把握するためには，各成分の放射線化学反応に関して知見を積み上げる必要がある。ここでは，その一例として，燃料デブリのウラン含有酸化物相として典型的な，$(U, Zr)O_2$ の放射線化学的な反応特性について，筆者らの研究例を紹介する［23］。

$(U, Zr)O_2$ は前項でも述べたように，Chernobyl デブリのウラン含有相のひとつとして観測されている。またスリーマイル島原子力発電所事故（TMI-2 事故）で形成されたデブリでも，特徴的なウラン含有相として観測されている。この $(U, Zr)O_2$ をウランとジルコニウムの酸化物の混合粉末の加熱処理で合成し，再度粉砕した粉末試料を用いて，炭酸塩水溶液中での H_2O_2 との反応挙動を調べた。

使用済核燃料に関して，6.3.3項で述べたとおり，FP 元素等の含有により UO_2 母材の化学的な安定性は高まる傾向にある。$(U, Zr)O_2$ も同様に，

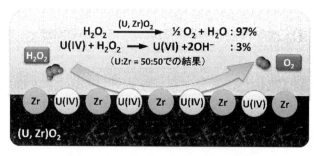

図 6.6 （U, Zr）O_2 表面での H_2O_2 の反応

H_2O_2 に対して UO_2 と比較して極めて高い安定性を示した。実験により H_2O_2 の反応で溶け出してくるウランの量を測定すると，（U, Zr）O_2 のジルコニウムの含有率に応じてウランの溶出が抑制されることが観測された。ところが H_2O_2 の反応挙動を測定すると，H_2O_2 の反応はむしろ（U, Zr）O_2 で速くなっていた。そのため UO_2 にジルコニウムが固溶すると，単純に H_2O_2 に対して反応しなくなるのではなく，反応してもウランが溶けにくくなること分かった。そこで，UO_2 と H_2O_2 の反応スキーム（6-9）と（6-10）に立ち返ると，（U, Zr）O_2 の表面では H_2O_2 が O_2 に分解される反応（6-10）が高い選択性で進んでいると考えられる。（6-10）の生成物である O_2 の発生量測定や反応前後の（U, Zr）O_2 の表面分析を行った結果，図6.6 のように（U, Zr）O_2 表面では H_2O_2 のほとんどが反応（6-10）により消費されることを確かめることができた。

6.4.3　模擬デブリ研究の知見

　燃料デブリの組成は非常に複雑であるため，前項で述べたような単成分に対するアプローチよりも，燃料デブリの模擬物質を用いて試験を行い，化学的な変化の傾向を観察するという手法が取られることが多いように見える。本章の最後として，模擬デブリや Chernobyl デブリ試料を用いた研究例をいくつか取り上げ，これまでに得られている知見を紹介したい。

　まず模擬デブリ試料を用いた筆者らの研究について紹介する [24]。UO_2 粉末にステンレス鋼の粉末や，金属ジルコニウムの粉末，酸化ジルコニウム（ZrO_2）の粉末を加え，加熱処理により得た模擬デブリ試料を用いて，H_2O_2 水溶液への浸漬試験を行った。模擬デブリ試料は加熱条件等を反映した様々な化合物の混合物となり，その組成には，未反応のまま残った UO_2 や ZrO_2 に加えて，$(U, Zr)O_2$ やウランの酸化状態の高い U_3O_8，鉄やクロムのウラン酸塩（$(Fe, Cr)UO_4$），鉄酸化物等が含まれていた。浸漬試験の結果，試験を行った模擬デブリ試料のほとんどで，酸化によるウランの溶出と，$UO_2(O_2) \cdot nH_2O$ の生成が確認された。そのため，水の放射線分解により H_2O_2 を含む水質では，酸化による変質が進むことが確かめられた。また，ZrO_2 を出発物質に用いたため，ジルコニウムの固溶による $(U, Zr)O_2$ の形成が他の試料よりも顕著に進行した模擬デブリでは，例外的な結果が得られた。その模擬デブリでは，H_2O_2 水溶液への浸漬による溶出ウランの濃度が低く，$UO_2(O_2) \cdot nH_2O$ の生成も認められなかった。この結果は，前項 5.4.2 で紹介した $(U, Zr)O_2$ の H_2O_2 耐性によるものと考えることができる。

　次に，使用済核燃料から作成した模擬デブリ試料を用いた研究を紹介したい [25]。新型転換炉「ふげん」で使用された MOX 燃料を用いて，使用済 MOX 燃料とジルコニウム合金製の被覆管とを加熱処理した模擬デブリの浸漬試験が報告されている [25]。浸漬試験ではウランに加えてプルトニウムやネプツニウム，セシウム，テクネチウム，モリブデンといった核種の溶出が測定された。そして，浸漬後の試料表面にはウラニル化合物と推定される黄色の析出物が観測された。この研究では，析出物の同定はされなかったが，ウランの溶存濃度と各種ウラニル化合物の溶解度の比較から，水酸化ウラニル（$UO_2(OH)_2$）や三酸化ウラン二水和物（$UO_3 \cdot 2H_2O$）の形成が示唆された。ただし，水の放射線分解による H_2O_2 の生成も考慮に入れると，$UO_2(O_2) \cdot nH_2O$ の溶解度は $UO_2(OH)_2$ や $UO_3 \cdot 2H_2O$ よりも低くなることから，$UO_2(O_2) \cdot nH_2O$ も一部含む混合物ではないかと推定されている。また，ネプツニウムやテクネチウム，モ

リブデンの溶出挙動の解析から，これらの元素が析出物に取り込まれる可能性が指摘された。

　その他には Chernobyl デブリ試料を用いた浸漬試験が報告されている[26]。Chernobyl デブリ試料の浸漬試験では，試料表面でのウラニル化合物の形成に加えて，プルトニウムやアメリシウムの顕著な溶出が観測されている。そのため，Chernobyl デブリの化学的な安定性は，軽水炉使用済核燃料に比べても低く，母材の変質や核種の溶出が起こりやすい状態にあると結論されている。また，化学的な安定性の低い理由として，酸化状態の高い U_4O_9 や U_3O_8 の含有を議論している。U_3O_8 は H_2O_2 により UO_2 と同様の反応スキームで酸化され，ウランの溶出が起きる。炭酸塩水溶液のようにウランの溶解度の高い場合には，UO_2 に比べて酸化状態が高いため，U_3O_8 の溶解は顕著に進むことが分かっている。ただし，Chernobyl デブリの母材は主にガラス質や鉄酸化物であり，ウラン酸化物とは異なる反応様式で溶解が進んでいる可能性もある。反応メカニズムと放射線化学反応の影響を理解するには，より基礎的な単成分についての実験的な研究が不可欠である。

参考文献

[1] 勝村庸介，工藤久明 "東京大学工学教程 原子力工学 放射線化学"，丸善出版，(2020)

[2] M. Spotheim-Maurizot, M. Mostafavi, T. Douki, J. Belloni（Eds.）(2008) "Radiation Chemistry, From basics to applications in material and life sciences" EDP Sciences.

[3] A. J. Elliot, D. M. Bartels (2009) "The reaction set, rate constants and g-values for simulation of the radiolysis of light water over the range 20　°to 350　°C based on information available in 2008." ACCL 153-127160-450-001, AECL, Chalk River, Canada

[4] T. E. Eriksen, P. Ndalamba, H. Christensen, E. Bjergbakke. "Radiolysis of ground water: influence of carbonate and chloride on hydrogen peroxide production." J. Radioanal. Nucl. Chem., 132 (1989) 19-35.

[5] D. M. Bartels, J. Henshaw, H. E. Sims, "Modeling the critical hydrogen concentration in the AECL test reactor" Radiat. Phys. Chem., 82 (2013) 16-24.

[6] M. Jonsson, F. Nielsen, O. Roth, E. Ekeroth, S. Nilsson, M. M. Hossain, "Radiation induced spent nuclear fuel dissolution under deep repository conditions.", Environ. Sci. Technol., 41 (2007) 7087-7093.

［7］Z. Cai, X. Li, Y. Katsumura, O. Urabe, "Radiolysis of bicarbonate and carbonate aqueous solutions: product analysis and simulation of radiolytic processes.", Nucl. Technol., 36 （2001） 231-240.

［8］T. E. Eriksen, D. W. Shoesmith, M. Jonsson, "Radiation-induced dissolution of UO_2 based nuclear fuel - A critical review of predictive modelling approaches" J. Nucl. Mater., 420 （2012） 409-423.

［9］E. Ekeroth, O. Roth, M. Jonsson, "The relative impact of radiolysis products in radiation induced oxidative dissolution of UO_2." , J. Nucl. Mater., 335 （2006） 38-46.

［10］P. Wardman, "Reduction potentials of one-electron couples involving free radicals in aqueous solution.", J. Phys. Chem. Ref. Data 18 （1989） 1637-1755.

［11］Y. Kumagai, A. B. Fidalgo, M. Jonsson, "Impact of stoichiometry on the mechanism and kinetics of oxidative dissolution of UO_2 induced by H_2O_2 and γ -irradiation." , J. Phys. Chem. C 123 （2019） 9919-9925.

［12］A. B. Fidalgo, Y. Kumagai, M. Jonsson, "The role of surface-bound hydroxyl radicals in the reaction between H_2O_2 and UO_2.", J. Coord. Chem., 71 （2018） 1799-1807.

［13］P. C. Burns, M. Nyman, "Captivation with encapsulation: a dozen years of exploring uranyl peroxide capsules.", Dalton. Trans., 47 （2018） 5916-5927.

［14］D. Olsson, J. Li, M. Jonsson, "Kinetic effects of H_2O_2 speciation on the overall peroxide consumption at UO_2-water interfaces.", ACS Omega, 7 （2022） 15929-15935.

［15］A. B. Fidalgo, M. Jonsson, "Radiation induced dissolution of （U, Gd） O_2 pellets in aqueous solution – A comparison to standard UO_2 pellets.", J. Nucl. Mater., 514 （2019） 216-223.

［16］M. Trummer, B. Dahlgren, M. Jonsson, "The effect of Y_2O_3 on the dynamics of oxidative dissolution of UO_2.", J. Nucl. Mater., 407 （2010） 195-199.

［17］R. J. McEachern, P. Taylor, "A review of the oxidation of uranium dioxide at temperatures below 400℃ .", J. Nucl. Mater., 254 （1998） 87-121.

［18］S. Nilsson, M. Jonsson, "H_2O_2 and radiation induced dissolution of UO_2 and SIMFUEL pellets.", J. Nucl. Mater., 410 （2011） 89-93.

［19］V. Kerleguer, C. Jégou, L. De Windt, V. Broudic, G. Jouan, S. Miro, F. Tocino, C. Martin, "The mechanisms of alteration of a homogeneous $U_{0.73}Pu_{0.27}O_2$ MOx fuel under alpha radiolysis of water.", J. Nucl. Mater., 529 （2020） 151920.

［20］B. E. Burakov, E. B. Anderson, E.E. Strykanova, "Secondary uranium minerals on the surface of Chernobyl "lava". MRS Online Proc. Libr. 465 （1997） 1309–1311.

［21］B. Zubekhina, B. Burakov, E. Silanteva, Y. Petrov, V. Yapaskurt, D. Danilovich, "Long-term aging of Chernobyl fuel debris: corium and "lava". Sustainability, 13 （2021） 1073.

［22］A. A. Shiryaev, I. E. Vlasova, B. E. Burakov, B. I. Ogorodnikov, V. O. Yapaskurt, A. A. Averin, A. V. Pakhnevich, Y. V. Zubavichus, "Physico-chemical properties of Chernobyl lava and their destruction products." Prog. Nucl. Energy, 92 （2016） 104-118.

［23］Y. Kumagai, M. Takano, M. Watanabe, "Reaction of hydrogen peroxide with uranium zirconium oxide solid solution – zirconium hinders oxidative uranium dissolution." J. Nucl. Mater., 497 （2017） 54-59.

［24］Y. Kumagai, R. Kusaka, M. Nakada, M. Watanabe, D. Akiyama, A. Kirishima, N. Sato, T.

Sasaki, "Uranium dissolution and uranyl peroxide formation by immersion of simulated fuel debris in aqueous H_2O_2 solution." J. Nucl. Sci. Technol., 59 (2022) 961-971.

[25] T. Onishi, K. Maeda, K. Katsuyama, "Leaching behavior of radionuclides from samples prepared from spent fuel rod comparable to core debris in the 1F NPS." J. Nucl. Sci. Technol., 58 (2021) 383-398.

[26] A. A. Shiryaev, B. E. Burakov, V. O. Yapaskurt, B. Y. Zubekhina, A. A. Averin, Y. Petrov, V. Orlova, E. Silantyeva, M. S. Nickolsky, V. A. Zirlin, L. D. Nikolaeva, "Products of molten corium-metal interaction in Chernobyl accident: composition and leaching of radionuclides." Prog. Nucl. Energy, 152 (2022) 104373.

第7章　燃料デブリのプロセス化学

　原子炉過酷事故により発生した燃料デブリについて，構造や組成など状態評価の例はあるが，デブリを取り出し，処理した例は殆どない。ここでは，燃料デブリを原料・試料としてみた場合の特性について述べた後，そのような処理プロセスが対応可能か検討する。また，直接処分の場合にも，廃棄体化のための処理は必要になると思われる。

7.1　燃料デブリの特性と処理プロセス

　原料・試料としての燃料デブリを見てみると，含有物質や高温履歴から，鉱石あるいは製錬における中間物としてとらえることができる。とくにレアメタル製錬では，鉱石中に随伴する U, Th など放射性元素の除去や放射能評価が重要となる。ここでは，燃料デブリの分類（2.1 節）からくる個々のデブリの特徴について述べる。表 7.1 には原料面からみた燃料デブリの特徴をまとめてみた。まず，使用済燃料の状態は，UO_2 ペレット中に FP や MA が共存する混合酸化物である。酸化物デブリでは，ZrO_2 との固溶体化により化学的に安定化し，化学処理が難しくなる半面，放射性元素はペレット内に固定され，安定化する。一方，二次デブリでは，破砕等による粒子状のデブリが特定箇所に堆積する。また鉄イオンなどが沈殿生成する際に，放射性核種を吸着したり，放射性コロイドを形成して共沈する。酸化物やデブリや MCCI デブリには燃料成分や MA，FP 元素が濃集し，高い放射能を持つ。一方，金属デブリにはこれら放射性元素は分配せず，低放射能であり，処理・処分においては低線量廃棄物に相当するものとして扱えるように思える。しかし，金属材そのもの原子炉内にて中性子等放射線により放射化されており，放射化物といった放射性廃棄物のカテゴリーに含まれる。

　本章ではこれらの燃料デブリの処理について考えてみる。まず，原料鉱石を扱う選鉱製錬の在り方と比較してみた。図7.1 では（a）燃料デブリ処理フロー概念図と（b）選鉱製錬プロセスを対照して示した。鉱石処理で

表 7.1　原料面からみた燃料デブリの特徴

対象デブリ	主な成分, 化合物	状態	放射性成分	放射能
酸化物	UO_2-ZrO_2	放射性鉱物含有酸化鉱, 化学的安定	燃料成分, MA, FP	高
金属	Fe-Zr	塊状, 金属, スラグとの共存	FP	
放射化物				低
MCCI	$(U, Zr)O_2$-CaO-SiO_2	ケイ酸塩鉱物, ガラス化による安定化	燃料成分, MA, FP	高
粉体	酸化物	沈着・堆積による 低傘密度固体	燃料成分, FP, MA	中
沈殿	水酸化物, 炭酸塩, 過酸化物	沈殿物, 含水鉱物	FP, MA	中

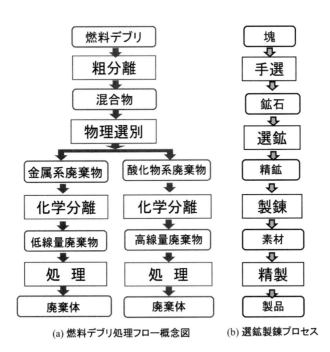

(a) 燃料デブリ処理フロー概念図　　(b) 選鉱製錬プロセス

図 7.1　燃料デブリ処理フロー概念図と選鉱製錬プロセス［4 改変］

は、まず鉱物塊を手選により脈石から選別する。その後、磁選や浮選など
の物理的方法により選鉱して精鉱を得る。精鉱に対し、高温還元法や酸
進出などの化学製錬法により素材を得、精製して製品を得る。これらに対
し、燃料デブリの場合は金属、酸化物などが混在し、また、多様な組成を
もつ多元物質である。性質が異なる金属相と酸化物相があり、粉砕等機
械的手法によりこれらを分別するなど粗分離して、混合物とする。次に、
磁選などの物理的方法により金属相と酸化物相等に分離する。主な放射
性元素は主に酸化物相に濃集しており、このような分離により、低放射能
の金属系廃棄物と高放射能酸化物系廃棄物に分ける。しかし、第3章で
示したように酸化物デブリ中に金属相が共存するなどもあり、難しい点も
ある。また、金属系廃棄物については化学分離により低線量廃棄物するこ
とが考えられるものの、除染により高線量となる廃棄物を生成することに
なり課題も多い。さらに、炉内金属構造物は健全炉でも放射性物質付着
に加えて、運転中の中性子で放射化され、中深度処分相当 TRU 廃棄物と
なる。実際、ハルとエンドピースは中深度あるいは地層処分相当 TRU 廃
棄物である。、ここでの金属デブリもデブリ化以前に放射化されている。
一方、酸化物系廃棄物の方については、化学分離により高放射能核種を
集めた高線量廃棄物とし、安定化処理により廃棄体化して処分へとなる。

7.2 湿式プロセス

　燃料デブリを鉱石とみなすと核燃料サイクルのフロントエンドにおける
選鉱・製錬プロセスが、また使用済燃料とみなすとバックエンドにおける
再処理プロセスの適用が考えられる。一方、それぞれの処理プロセスにつ
いては大きく湿式プロセスと乾式プロセスに分けられ、表7.2 に示すよう
なものがある。以下、湿式法と乾式法に分けて各プロセスを紹介する。

(1) 硝酸法

　硝酸法は既存の湿式再処理法である Purex 法によるものである。使用済
燃料である UO_2 に比べると、燃料デブリは ZrO_2 との固溶体化により化学

表 7.2 　湿式および乾式プロセス

分 類	プロセス	特徴
湿式法	硝酸法（Purex 法）	酸化物燃料の再処理に適用
	硫酸法	ウラン鉱石の製錬に適用
	アルカリ法	難溶性酸化物の溶解に適用
乾式法	塩化物法	塩化揮発や電解に適用
	フッ化物法	フッ化揮発や電解に適用
	溶融塩電解法	乾式再処理に適用
	活性金属還元法	金属製造やスラグ除去に適用

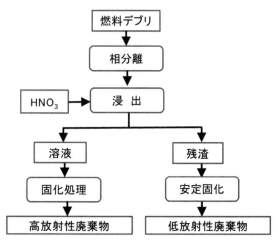

図 7.2 　硝酸による燃料デブリ処理フロー例

的に安定であり，従来より厳しい条件（硝酸濃度 3N 以上，高温）での溶解処理が必要となる。図 7.2 には硝酸による燃料デブリ処理フロー例を示す。燃料デブリから金属相を分離し，酸化物あるいはケイ酸相とする。これを，高温の硝酸で溶解し，大部分の放射性元素が存在する溶液部分は固化処理により高線量廃棄物とする。一方，不溶性の残渣には放射性元素が濃集せず，低線量廃棄物として処理することになる。

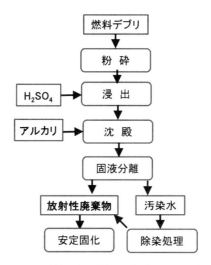

図7.3　硫酸による燃料デブリ処理フロー例

(2) 硫酸法

　鉱石の湿式プロセスには硫酸法が使適用される。特に，濃硫酸はチタン鉱石など難溶性酸化物を溶解する。ウランの粗製錬プロセスにも硫酸法が適用されている [3]。燃料デブリを原料として硫酸法による処理プロセスの例を図7.3に示す。ここでは燃料デブリを粉砕後，酸化物成分を硫酸により溶解し，液相を分離する。その後，アルカリを添加し，ウランやプルトニウムおよびMA成分，希土類成分を沈殿させ，アルカリ土類やアルカリ元素と分離する。沈殿物はα核種を含み，α廃棄物の対象となる。一方，液相成分には主にβ，γ核種を含み，その後，沈殿など固化処理によりβ，γ廃棄物として対応できる。

(3) アルカリ溶融法

　ここでは，アルカリ溶融法について述べる。アルカリ溶融法のプロセス例を図7.4にプロセス例を示す。デブリ試料を加熱処理により灰化後，Na_2O_2などのアルカリ融剤を添加し，数100℃に加熱し，試料を分解す

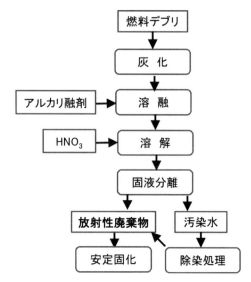

図7.4 アルカリ溶融法による燃料デブリ処理フロー例

る。次に硝酸により溶解し，固液分離により残渣を放射性廃棄物として回収する。一方，溶液中に存在する放射性核種は凝集沈殿などによる除染処理により回収し，放射性廃棄物として分離・回収する。廃棄物は安定固化し，処分へ対応する。

7.3　乾式プロセス

　表7.2に示したように鉱石処理法や再処理法に乾式法を利用するプロセスがある。その場合，酸化物あるいは金属を他の化合物に変換して，揮発性により分離したり，あるいは電解による選択的な回収を行っている。

(1)　塩化物法
(a)　全塩化法

　原料を全て塩化物に転換し，塩化物を利用して分離するプロセスである。全塩化法による燃料デブリ処理フローの例を図7.5に示す。このプロ

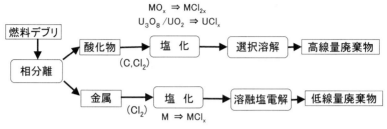

図7.5　塩化法による燃料デブリ処理フロー例

セスでは，燃料デブリを構成する酸化物には炭素等脱酸剤を共存させた塩素による塩化により塩化物に転換し，酸溶解後，沈殿分離し，高線量廃棄物とする。一方，金属成分は直接塩素と反応させて塩化物に転換，溶融塩電解により金属を回収する。この時，除染効果もあり，回収金属は低線量廃棄物として処理する。

(b) 選択塩化法

　燃料デブリが酸化物と金属の混合物とすると，脱酸剤が共存しない場合には酸化物は塩素により塩化されないが，金属は反応する。この反応性の差を利用する。図7.6には選択塩化法による燃料デブリ処理フロー例を示す。燃料デブリを粉砕処理等を行い，塩素と反応させて金属を塩化物に転換する。高放射能核種を含む酸化物残渣はそのまま高線量廃棄物とする。一方，塩化物は溶融塩電解等により金属を回収し，低線量廃棄物とする。

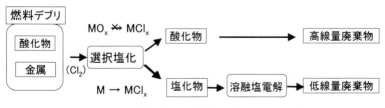

図7.6　選択塩化法による燃料デブリ処理フロー例

(2) フッ化物法

　酸化物よりフッ化物の方が安定であり，フッ素との反応においては脱酸剤が不要である。燃料デブリをフッ素と接触させると発熱反応によりフッ化反応が進む。むしろフッ素に N_2 等を混合させてフッ素分圧を低下させ，フッ化反応を制御する必要がある。燃料成分であるUや Pu は UF_6 や PuF_6 として揮発する。その後，混合気体中の PuF_6 を UO_2F_2 トラップして PuF_4 へ還元し，分離・回収する。この時，UF_6 は他の揮発性フッ化物をトラップで分離・除去して精製 UF_6 を回収する。一方，Am や Cm や希土類元素は不揮発性フッ化物となり，残渣として回収する。その後，酸化焙焼により酸化物に転換し，既存の再処理である Purex 法により処理する。日立が英知事業にて実施したプロセス開発事例がある［5］。

　日立の事業では，実際にロシアにおいて，Chernobyl 原子力発電所 4 号機の過酷事故にて発生した実燃料デブリ（Lava）を用いたフッ化揮発試験を実施している。Chernobyl 事故の場合には，高温酸化条件において大量のコンクリートを炉内に投入した結果，金属相はなく，ケイ酸塩を主体とする MCCI デブリが生成している。表 7.3 に示した Chernobyl デブリの内，Brown Lava に該当する燃料デブリを使用して行っている。表 7.3 にはフッ化揮発試験後の各元素の揮発率を示す。揮発率が 90％以上を示すものは，揮発性の高級フッ物，UF_6，PuF_6，SiF_4，TiF_4，NbF_5 を生成して揮発・分離されたものと考えられる。アルカリ金属，アルカリ土類金属，遷

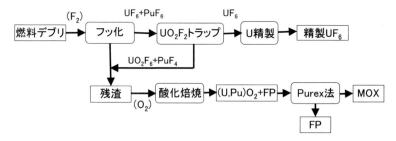

図 7.7　FLUOREX 法による燃料デブリ処理フロー例

表7.3　フッ化試験における Chernobyl 模擬デブリの各元素の揮発率

元素	揮発率（%）	フッ化物	元素	揮発率（%）	フッ化物
U	99	UF_6	Am	10	AmF_3
Pu	99	PuF_6	K	8	KF
Si	99	SiF_6	Mn	3	MnF_4
Ti	99	TiF_6	Zr	0	ZrF_4
Nb	91	NbF_5	Ni	0	FeF_3
Fe	57	FeF_3	Cr	0	FeF_3
Al	56	AlF_3	Ca	0	FeF_3
Mg	30	MgF_2	Sr	0	FeF_3
Cs	17	CsF	Eu	0	EuF_3

移金属元素のフッ化物は低揮発性であり，この結果もそれらに対応している。一部の Al や Mg においては低い揮発率を示している。塩化物の場合には，揮発性の $AlCl_3$ が不揮発性の希土類塩化物（RCl_3）と $RAlCl_6$ といった揮発性の複合フッ化物を生成して揮発分離している。一方，AlF_3 や MgF_2 は不揮発性であるものの，塩化物のような複合フッ化物の生成により揮発率が高まったものとも考えられるが，詳細は不明である。

（3）溶融塩法

（a）フッ化物電解法

アルミナを原料とするアルミニウム電解のように，フッ化物溶融塩が酸化物を直接溶解できる特性を利用して，酸化物デブリを LiF-NaF などのフッ化物溶融塩中に溶解するプロセスである。図7.8にはフッ化物溶融塩を用いる燃料デブリ処理フロー例を示す。金属デブリは溶解せず，酸化物デブリのみ溶解する選択溶解が行える。使用済み燃料を硝酸溶解する際に被覆管がハルとなるように金属デブリを分離できる。溶融塩中に溶解し，イオンとなったデブリ成分は，電解により金属イオンはカソードに析出・回収する。酸素等陰イオンはアノードに析出する。ウランがウラニルイオン（UO_2^{2+}）の場合，カソードにて UO_2 として回収できる。析出電位を制御することにより，U, Pu, MA などを選択的に析出させ，分離・回

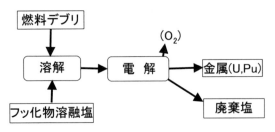

図 7.8　フッ化物溶融塩を用いる燃料デブリ処理フロー例

収することも可能である。

(b) 塩化物電解法

　乾式再処理法の 1 つである塩化物溶融塩を用いた IFR 法をデブリ処理に応用してみる。図 7.9 には塩化物溶融塩を用いる燃料デブリ処理フロー例を示す。このプロセスでは塩化物溶融塩にて電解により U や Pu, MA を分離・回収する方法である。この場合には, 酸化物を直接溶解できないので, 活性金属還元等で金属（合金）とし, これを陽極にして酸化溶解により塩化物溶融塩中に溶解する。塩化物溶融塩電解では固相電極で U の粗取り, さらに Cd 液体電極に Pu 他 MA を析出させて分離・回収する。他の放射性物質を含む塩化物塩は酸化処理等により安定化させて廃棄する。

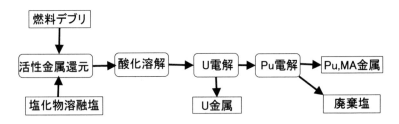

図 7.9　塩化物溶融塩を用いる燃料デブリ処理フロー例

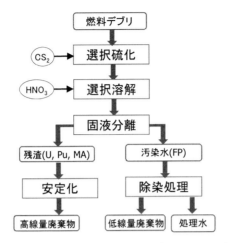

図7.10　選択硫化法による燃料デブリ処理フロー例

(5) その他

　(a) 硫化物法 [6]

　その他の方法として，部分硫化により硫化物を生成して酸化物を分離する硫化物法がある。処理プロセスのフロー例を図7.10に示す。酸化物デブリに対してCS$_2$等により低温で反応させ，希土類酸化物をオキシ硫化物あるいは硫化物に転換する。UやPu，MA酸化物は硫化されない。このような選択硫化により，その後，硝酸等にオキシ硫化物，硫化物を溶解し，酸化物成分と固液分離する。残渣として分離されるU，Pu，MA含有成分は安定化の後，高線量廃棄物として回収する。一方，FP等が溶解している汚染水はゼオライト等による除染処理を行い，放射性廃棄物として回収する。

　(b) 溶融除染法 [7-9]

　ハルなど金属汚染物の除染処理に検討された溶融除染法を燃料デブリ処理に適用してみる。図7.11には溶融除染による燃料デブリ処理フロー例を示す。燃料デブリに銅など合金化金属を添加して溶融し，合金化する。

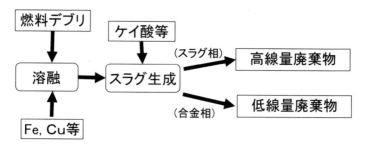

図 7.11　溶融除染による燃料デブリ処理フロー例

さらにケイ酸等を添加してスラグ相を生成させる。スラグ相には酸化物デ
ブリ成分が集まる。一方，溶融金属相の放射性物質はスラグ相へ分離
し，金属相を除染する。燃料成分やMA等を含むスラグ相は高線量廃棄
物として処理。処分する。また，除染された金属相は低線量廃棄物として
扱う。銅の融点程度の加熱では，燃料デブリ中の揮発成分は少ないと考え
られる。銅の代わりに鉄を用いる例もあるが，この場合は融点が1500℃程
度になるので，揮発成分が揮発してくる可能性がある。鉄による溶融除染
は，廃棄物中の Fe-Zr 合金による UO_2-ZrO_2 酸化物相の還元でもあり，金
属デブリそのものを含めた溶融除染に相当する。

　一方，燃料デブリそのものではないが，サイト内で発生する放射性物質
（放射化物も含む）で汚染された金属材料についてサイト内での再利用す
る際に，溶融処理による FP 除去が検討されている［10, 11］。鉄鋼溶解用
の電気炉にて溶融処理を行うが，原子炉で使用した鉄鋼には放射物とし
ての ^{60}Co や ^{54}Mn が含まれている。一方，事故由来の ^{137}Cs や ^{90}Sr は溶
融処理によりスラグ相へ分離除去される。実際，鉄鋼添加用石灰石中の
天然 Sr について溶融処理前後の濃度から 2000 - 3000 の除染係数を得て
いる。Cs については揮発性があり，排ガスへ移行，捕集されると考えら
れる。このような溶融除染については次に述べる活性金属還元法による金
属製造があり，U, Th 等放射性物質をスラグ相へ分離し，除染したフェロ
ニオブを製造している例がある［12］。

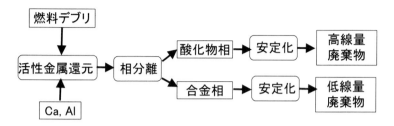

図 7.12　活性金属還元による燃料デブリ処理フロー例

（c）活性金属還元法

　ニオブ等を含有する鉱石に対して，Al など活性金属を添加して酸化物を還元して目的金属を含む合金を得るとともに，U や Th を酸化物相へ分離する乾式製錬プロセスがある［12］。特に原料中に酸化鉄を添加し，フェロアロイを製造している。燃料デブリに適用してみると，図 7.12 のような処理フロー例が考えられる。燃料デブリに還元剤 Al と酸化鉄を添加し，Mg リボンで着火すると，酸化鉄の還元による発熱反応により高温となり，溶融鉄合金とアルミナ酸化物相に分離する。デブリ中の燃料物質や MA，希土類はアルミナ中に分配される。鉄合金相には鉄族元素や白金族元素が含まれる。機械的に両相を分離し，安定化処理後，酸化物相は高線量廃棄物として，合金相は低線量廃棄物として処理・処分となる。

［参考文献］
［1］佐藤修彰，早稲田嘉夫編，「湿式プロセス」，内田老鶴圃，（2018）
［2］佐藤修彰，柴田浩幸，柴田悦郎編，「乾式プロセス」，内田老鶴圃，（2021）
［3］佐藤修彰，桐島　陽，渡邉雅之，「ウランの化学（I）－基礎と応用－」，東北大学出版会，（2020）
［4］佐藤修彰，桐島　陽，秋山大輔，Radioisotope, 67, 1-13,（2018）
［5］課題解決型廃炉研究プログラム「燃料デブリ取出しに伴い発生する廃棄物のフッ化技術を用いた分別方法の研究開発」報告書，JAERI-Review 2022-058,（2022）
［6］N. Sato, Y. Fukuda, A. Kirishima, T. Sasaki, Proc. WRFPM 2014,No.100134,（2014）
［7］阿部素久，「ウラン汚染金属の溶融除染技術の開発」，動燃技報，54,61-68,（1985）
［8］M.AoyamaY.MiyamotoM.FukumotoO.Suto, "Development of melt refining decontamination technology for low level radioactive metal waste contaminated with

uranium", J. Phys. Chem. Solids, 66, (2005), 608-611

[9] 阿部素久, 「溶融除染技術評価報告書」, JNC-TN8400-2003-044, (2003)

[10] 東京電力ホールディングス, 特定原子力施設監視・評価委員会（第93回）資料3-4, (2021)

[11] 「東京電力ホールディングス（㈱）福島第一原子力発電所の廃炉のための技術戦略プラン2022」, NDF, (2022)

[12] 佐藤修彰, 南條道夫：レアメタルの精製錬 (II) ニオブ (I) 鉱石からフェロニオブまで：選研彙報, 42, (1986), 204-222

第8章 燃料デブリと法令

8.1 はじめに

核燃料物質や使用済燃料を扱う場合，原子力基本法や原子炉等規制法による規制を受ける [1-6]。同政令で定義する核燃料物質を表8.1に示す。これを見ると第2号は劣化ウランに，第5号は濃縮ウラン，第6号はプルトニウムに対応し，第8号はこれらの混合物質であることがわかる。ここでは，第1項の天然ウランは該当せず，実際，使用済核燃料から回収したウランでは，^{235}U濃度が0.72%の場合でも劣化ウランとして扱われることがある。

一方，燃料デブリは使用済核燃料と同様なものとして扱われることになる。1Fの燃料デブリ取り出しに関わる分析作業においては以下の4機関5か所が取扱候補となり，使用変更許可申請を行っている。[7-10]。以下，これらの燃料デブリ取扱に係る変更申請を紹介する。

表8.1　政令で定義する核燃料物質 [1]

項目	定義	^{235}U濃度 (at.%)	分類
第1項	^{235}Uの^{238}Uに対する比率が天然の混合率であるウランおよびその化合物	0.72	天然U
第2項	^{235}Uの^{238}Uに対する比率が天然の混合率に達しないウランおよびその化合物	< 0.72	劣化U
第3項	Th及びその化合物	−	Th
第4項	天然U，劣化UおよびThを含む物質で原子炉において燃料として使用できるもの	≦ 0.72	混合物質
第5項	^{235}Uの^{238}Uに対する比率が天然の混合率をこえるウランおよびその化合物	0.72 <	濃縮U
第6項	プルトニウム及びその化合物	−	Pu
第7項	^{233}Uおよびその化合物	−	^{233}U
第8項	濃縮U，Puおよび^{233}Uを1または2以上含む物質	0.72 <	混合物質

表 8.2　実燃料デブリ研究用に使用変更した 41 条該当施設 [7-10]

機関	施設	変更概要
JAEA	燃料試験施設（東海地区）	1F 燃料デブリ試験実施 使用済燃料の年間予定使用量
JAEA	照射燃料試験施設（大洗地区）	1F 燃料デブリ分析試験実施
三菱重工 NDC	燃料ホットラボ施設 燃料実験施設	1F 燃料デブリ試験実施
日本核燃料開発株式会社	NFD ホットラボ施設	1F 燃料デブリ分析試験実施

8.2　JAEA における変更申請

8.2.1　大洗地区施設

　JAEA では「分析終了後の試料については，ウラン，プルトニウムおよび不純物に分離後，ウラン及びプルトニウムは脱硝・転換後，固体にし，再処理施設内の貯蔵庫に保管あるいは核サ研あるいは大洗研究所の他施設へ搬出し，燃料等として再利用する。」としている。ここでいう「1F 燃料デブリの試料及び残材」とは，1F から搬入した燃料デブリそのものと粉砕など物理的加工後分析に供しなかった物とし，1F へ返却する。これに対する「分析に使用した 1F 燃料デブリ」とは硝酸溶解して化学分析後の溶液及び固体とし，これらは 1F では使用許可がなく，返却できないので，JAEA 内の該当施設にて使用または保管するとしている。上記の定義および対応は分析用燃料デブリに限るものであり，実際に炉内に残留する大量のデブリについては，処理や処分方法を含めて別途，検討する必要がある。

　一方，JAEA 大洗施設の変更申請 [8] では，1F 燃料デブリの試験に係る事項を追加している。ここでは，①及び③にデブリの性状や状況を記載している。

① 照射した燃料等及び核燃料物質（核燃料物質及び核燃料物質で汚染された物（1F で採取したコンクリート，金属材料，有機材料およびその他核燃料物質で汚染された物を含む。））（以下試料という。）の照射後試験及び試験を行う。並びに MA 核種である AM 及

び Np を含む燃料（以下「MA 燃料」という。）等の作製及び試験
を行う。

② 燃料研究棟の試料の酸化処理を行う。

③ 1F 原子力発電所内で採取した 1F 燃料デブリ（溶融した燃料成分
が構造材を巻き込みながら固化した物，切り株状燃料および損傷
ペレットをいう。以下同じ。）の分析を行う。

8.2.2　東海地区施設

JAEA 東海にある原子科学研究所の施設での燃料デブリの使用に関する
変更申請書では，変更後の核燃料物質として表 8.3 に示す物質を挙げてい
る［7］。まず，1F 燃料デブリとして酸化物，金属，ケイ酸塩に分類して
いる。酸化物には燃料物質である二酸化物や，可燃性毒を添加した燃料
（(U, Gd) O_2，(U, Pu, Gd) O_2）がある。これに対し，被覆管成分である Zr
を含んだデブリが対応している。金属デブリには，燃料酸化物の Zr 還元
により生成した金属成分（U, Pu）やこれらが SUS と反応して生成した合
金がある。ケイ酸塩デブリは 3 つに分けている。溶融炉心が格納容器下部
へ落下し，コンクリートとの反応により生成したものである。カルシウム
が固溶した燃料酸化物があり，次にアルミ成分も含む固溶体を入れてい
る。最後はケイ素を含むもので，燃料成分，SUS 成分を含むものでケイ酸
ガラスとなっているデブリである。この (1) に対して (2) として，これらの
燃料デブリがその他構造材（制御材を指すと思われる）との混合物を挙
げている。この表では実際に取り出す段階で可能性のある化学形，形態を
考慮してこのように定義していると考えられる。しかしながら，燃料成分
を含むものを燃料デブリと定義するならば，燃料成分を含まないものは放
射性物質や汚染物とみなすことができ，実際，物理的な方法で分離できれ
ば，それらは燃料デブリの対象外になると思われる。なお，本変更申請で
は使用済燃料の処分の方法として，「1F 燃料デブリの試料を及び残材は
1F 等に搬出する。また，試験に使用した 1F 燃料デブリは，既許可の使用
済燃料の処分の方法にて処分する。」とある。

表 8.3　燃料デブリの形態，組成の申請例 [7]

核燃料物質の種類	化合物の名称 [1]	主な化学形	性状（物理的形態）
(1) 1F 燃料デブリ	酸化物	UO_2 $(U, Pu)O_2$ $(U, Pu, Gd)O_2$ $(U, Zr)O_2, (Zr, U)O_2$ $(U, Pu, Zr)O_2, (Zr, U, Pu)O_2$	固体 [3] 粉体 液体 [4]
	金属（合金）	U, Pu $Fe\text{-}Cr\text{-}Ni\text{-}U\text{-}Zr$ $Fe\text{-}Cr\text{-}Ni\text{-}Pu\text{-}Zr$	
	ケイ酸塩（MCCI 生成物）[2]	$(U, Pu, Ca)O_2$ $(U, Pu, Zr, Ca)O_2$	
	ケイ酸塩（MO_2）	$(U, Zr, Ca, Al)O_2$ $(U, Zr, Ca, Gd)O_2$ $(U, Pu, Zr, Ca, Al)O_2$ $(U, Pu, Zr, Ca, Gd)O_2$	
	ケイ酸塩（ガラス）	$Si\text{-}Al\text{-}Ca\text{-}Fe\text{-}Cr\text{-}Mg\text{-}Na\text{-}K\text{-}Zr\text{-}U\text{-}Gd\text{-}O$ $Si\text{-}Al\text{-}Ca\text{-}Fe\text{-}Cr\text{-}Mg\text{-}Na\text{-}K\text{-}Zr\text{-}U\text{-}Pu\text{-}Gd\text{-}O$	
(2) (1)を含む混合物		上記化学形とその他構造材との混合物	

1) 分析の結果得られた知見を基に継続的に見直しを行う。また，安全対策に影響を及ぼすような分析結果が得られた場合については変更許可申請を行う。
2) MCCI 生成物（Molten Core Concrete Interaction）（溶融炉心コンクリート相互作用）により生じたもの。コンクリート成分である，カルシウム，ケイ素等を含む。
3) 切断作業を行う場合は固体から粉体へ変化する。
4) 左記の化合物を水溶液に溶解したもの。

　また，燃料デブリの年間予定使用量としては表 8.4 のようにしている。注釈にあるように 1F 燃料デブリの年間予定使用量については既許可の年間予定使用量の範囲で行い，これを超える核燃料物質の受入れは行わない。また，天然 U，劣化 U，濃縮 U および Pu 量を合わせても 10g を超えることはないようにしている。

　さらに，使用の方法についても各施設・設備において以下のように定めている。すなわち，施設への搬入部分における扱いや，外観観察，切断処理，溶解等化学処理，物質評価，放射線計測等に係る作業を施設内各

表8.4　燃料デブリの年間予定使用量の例 [7]

核燃料物質の種類	年間予定使用量 (g)[1]	
	最大存在量	延べ取扱量
1F燃料デブリ ただし，①〜④の重量の合計がいかなる組合わせにおいても10gを越えないようこととする。	10	10
① 天然U及びその化合物	10	10
② 劣化U及びその化合物	10	10
③ 濃縮U及びその化合物（濃縮度20%未満）	10	10
④ Pu及びその化合物	10	10

1) 1F燃料デブリの年間予定使用量については，既許可の年間予定使用量の範囲で行い，これを超える核燃料物質の受入れは行わない。そのため，核燃料物質の貯蔵も貯蔵施設で行う。

表8.5　場所別使用の方法 [7]

使用の場所	使用の方法
サービスエリア	キャスク島による1F燃料デブリの搬出入及び移動
ローディングセル	1F燃料デブリの搬出入
No.1-1 セル	(1) 1F燃料デブリの搬出入 (2) 1F燃料デブリの収納容器の外観確認
No.x セル	1F燃料デブリの搬出入
No.4 セル	1F燃料デブリの観察
No.5 セル	1F燃料デブリの切断，分取
No.6 セル	1F燃料デブリの溶解，化学分離及び処理
No.7 セル	気送管装置による1F燃料デブリの移送
測定室	(1) 焼付した1F燃料デブリの質量分析， (2) 溶解した1F燃料デブリの質量分析
Y セル	−
恒温室	1F燃料デブリの放射線計測及び元素分析
化学室	(1) 1F燃料デブリの調製， (2) 溶解液の燃焼率測定， 　　化学分析及び焼付け
実験室	1F燃料デブリの調製

部において分担できるようにしている。

8.2.3　大熊地区施設

　オンサイトの施設として，大熊分析・研究センターがある。ここでは放射性物質分析・研究施設第1棟および第2棟がある。前者はRIを含むガレキ等汚染物を対象とするもので，昨年竣工し，活動に入っている。核燃を含む燃料デブリは2024年度運用開始予定の第2棟で扱う予定である。ここでは，第2棟の変更申請について紹介する。

　まず，第2棟では「1Fで発生した燃料デブリ等の性状を把握することにより，その安全な取り出し等の作業の推進に資する情報を取得するため，分析・試験を行うこと」を目的とする。分析対象物は燃料デブリ等とし，燃料デブリ，炉構造材，解体廃棄物がある。第2棟で扱うものを表8.6にまとめた。ここでは後で述べる標準試料も含めている。燃料デブリには，酸化物デブリ，金属デブリ，MCCIデブリである。炉構造材は原子炉圧力容器（RPV）や原子炉格納容器（PCV），RPVベデスタル構造材などである。これら最大年12回，135kg受け入れるとしている。

表8.6　第2棟で扱う燃料デブリ等 ［12］

区分	内容
燃料デブリ	・酸化物：$(U, Zr) O_2$, $(U, Pu, Zr) O_2$, ・合金：U-Zr-Fe, U-Pu-Zr-Fe ・炉心溶融物－コンクリート混合物
炉構造材および 解体廃棄物	・原子炉圧力容器（RPV） ・原子炉格納容器（PCV） ・RPVベデスタル構造材 ・コンクリート ・機器類など
標準試料	・^{233}U標準試料（$\leqq 1$ mg） ・天然U標準試料（$\leqq 100$ mg） ・^{242}Pu標準試料（$\leqq 1$ mg） ・ペレット等の濃度既知の未照射燃料

表 8.7　第 2 棟の設備 [12]

項目	分析・試験項目	申請設備
①	線量率	コンクリートセル
②	核種インベントリ，組成	コンクリートセル，鉄セル，グローブボックス，$\alpha \cdot \gamma$ 測定室
③	形状，化学形態，表面状態	鉄セル
④	寸法（粒径）	コンクリートセル，鉄セル，
⑤	硬さ，じん性	鉄セル
⑥	組成（塩分濃度，SUS 等含有率）	コンクリートセル，グローブボックス
⑦	有機物含有量	鉄セル
⑧	含水率	鉄セル
⑨	水素発生量	グローブボックス
⑩	密度（空隙率）	測定機器室
⑪	熱伝導率・熱拡散率	鉄セル，グローブボックス
⑫	加熱時 FP 放出挙動	鉄セル，グローブボックス

8.3　その他の変更申請

8.3.1　NFD における変更申請

　NFD の変更申請では使用の目的に関して以下のように追記している [10]。「1F で発生したプルトニウム未富化の使用済み核燃料由来の原子炉内損傷燃料を含む物質（以下，「1F 燃料デブリという。」）を受入れ，それらの検査及び冶金的，物理的，化学的及び機械的な試験研究を行い 1F 燃料デブリの安全取扱い技術の開発及び事故時の燃料挙動解明に資することにより，1F 廃止措置に貢献する。」。また，使用の方法については，ホットラボ施設に 1F 燃料デブリを受入れ，検査及び核種の試験を行うこととし，プルトニウム未富化の使用済み燃料と同じとしている。燃料デブリの名称としては，酸化物，主な化学形は $(U, Zr, Fe)O_2$ としている。最大使用量は施設全体で $20\,gU\,(0.3\,TBq\,(1\,MeV, \gamma))$ 以下とし，最大存在量 $0.02\,kGU$，延べ取扱量 $4\,kgU$ とする。使用の際に人が常時立入る場所においては，適宜遮蔽体を設けて線量当量率が $20\,\mu Sv/h$ 以下とし，貯蔵施設から各設備間で移動の際には適宜遮蔽容器に入れ，容器の表面線率が $2\,mSv/h$ 以下と

なるようにしている。使用後の処分の方法については，1Fから受け入れた1F燃料デブリは，NFDホットラボ施設で試験・検査後，未使用の試料を含めて可能な限り全量1Fに返却するとしている。

8.3.2　大学施設における変更申請

　大学においても燃料デブリ研究のために施設の変更申請を行った場合がある。A大学の施設では震災後の改修工事（2012年度）に対応するため，事故直後の変更申請が必要となった。2011年9月以降であれば，発足予定の原子力規制庁への申請であったが，それ以前のため，2011年7月より当時の文部科学省核燃料規制室にて使用変更承認申請をしている。最週的に2012年3月末に許可を得，翌6月からの改修工事を実施した。この時の変更申請では，従来の研究目的の項目を整理するとともに，新たに燃料デブリの研究を行うために，使用の目的に「核燃料廃棄物に関する研究」を追加している。ここでは燃料デブリを核燃料廃棄物として捉えるとともに，使用可能な核燃料（U, Th, Pu）について使用の方法を述べている。さらに核燃使用許可変更申請と同時にRIについても使用許可変更申請を行い，デブリ研究に必要な ^{239}Np，^{241}Am，^{243}Cm，^{244}CmといったMA核種や一部のFP核種の使用許可を得た。このため，筆者らの施設では事故直後から模擬デブリを使った燃料デブリの研究を展開して今日に至る。

　一方，B大学の最近の使用許可変更申請では，表8.8のような目的・方法を掲げている。目的を「微量分析」に絞り，1Fより受け入れる微量試料について機器分析等を行う。」としている。ここでは「燃料デブリについては具体的な形態や組成は分らない。」として，これらは呈示していない。また，受入燃料デブリ中のU, Pu量を，許可を得ている使用済燃料の使用量の範囲内に限定し，安全側に担保している。1F事故に関連した研究例については8.3節を参照されたい。

表8.8　燃料デブリに関わる目的，方法の例

大学	目的	方法
A	核燃料廃棄物に関する研究	U, Pu, Th の物理・化学挙動の評価や減容・固化等処理法の検討
B	1F 燃料デブリの微量分析に関する研究	微量の1F燃料デブリ及び汚染物を分光装置等により分析する。

8.4　燃料デブリの取扱について

　燃料デブリ等の取扱に関係するものとして 平成25年には，東京電力㈱1F原子炉施設（以下1F炉施設）についての原子炉等規制法の特例に関する政令 [12] と，同法および同政令実施のために1F炉施設の保安および特定核燃料物質の防護に関する規則 [13] が制定された。同規則において記録すべき事項に燃料体に関するものがあり，実用炉規則（実用発電用原子炉の設置，運転等に関する規則，昭和53年制定）に関連して示されており，表8.9のようである。ここで燃料体とは「発電用原子炉に燃料として使用できる形状又は組成の核燃料物質」である。この表を1F事故の場合に炉内にて生成した燃料デブリについて考えてみる。項目ロの挿入部分は燃料デブリには該当しないが，同表の使用済燃料および燃料体の部分を燃料デブリに置き換えてみると今後の燃料デブリの取出しや処理に関わる際の必要事項になると思われる。

表8.9　燃料体に関わる記録事項

	記録事項	記録すべき場合
イ	燃料体（使用済燃料を除く）の種類別の受渡量	受渡しの都度
ロ	発電用原子炉への燃料体の種類別の挿入量	挿入の都度
ハ	使用済燃料の種類別の取出量	取出しの都度
ニ	取り出した使用済燃料の燃焼度	取出しの都度 又は毎月1回
ホ	使用済燃料の貯蔵施設内における燃料体の配置	配置又は 配置替えの都度
ヘ	使用済燃料の種類別の払出量，その取出しから払出しまでの期間およびその放射能の量	払出しの都度
ト	使用済燃料の形状又は性状に関する検査の結果	挿入前及び取出し後
チ	工場又は事業所の外において貯蔵しようとする使用済燃料の記録 (1) 外観，(2) 燃焼度，(3) 取出しから容器への封入までの期間，(4) 使用済燃料を封入した容器内における当該使用済燃料の配置	払出しの都度

参考文献

[1]「原子力基本法」，原子力規制委員会，(2014)
[2]「核燃料物質，核原料物質，原子炉及び放射線の定義に関する政令」，規制庁 (1988)
[3]「原子炉等の規制に関する法律」，規制委員会，(2017)
[4]「原子炉等の規制に関する法律施行令」，規制委員会，(2018)
[5]「核燃料物質の使用等に関する規則」，規制委員会，(2019)
[6]「核原料物質の使用に関する規則」，規制委員会，(2018)
[7]「核燃料物質使用許可変更申請書」(JAEA)，原子力規制庁，03原機（科保）092，(2022)
[8]「核燃料物質使用許可変更申請書」(JAEA)，規制委員会，01原機（速材）004，(2020)
[9]「核燃料物質使用許可変更申請審査書」(三菱重工)，原子力規制庁，原規規発第2206016号，(2022)
[10]「核燃料物質使用変更許可申請書」(NFD)，NFD第3175号，(2019)
[11]「放射性物質分析・研究施設第2棟に係る実施計画の変更認可申請について」(実施計画に係る補足資料)，(2021)，原子力規制庁
[12]「東京電力福島第一原子力発電所原子炉施設についての核原料物質，核燃料物質及び原子炉の規制に関する法律の特定に関する政令」(2017)
[13]「東京電力福島第一原子力発電所の保安及び特定核燃料物質の防護に関する規則」(2018)

第9章　燃料デブリ研究に関わる教育・研究体制

　これまでの章では，燃料デブリの状態評価や処理法などについて紹介してきた。これから取出し作業が本格化し，実際の廃炉作業の終了には数十年かかる，すなわち次世代以降にまでつながる課題である。そのため次世代に亘る人材育成に関して，核燃料化学分野における筆者の体験してきた状況を紹介して燃料デブリ研究に関する教育・研究体制の在り方について触れたい。

9.1　教育体制

　原子力化学に関する講義は原子力工学の根幹をなすもので，原子炉材料，燃料からフロントエンドやバックエンド分野において多岐にわたる。著者自身が東北大学学部（工学部原子核工学科）および大学院（工学研究科原子核工学専攻）時代に履修した原子力化学関連講義（1970 頃）には表 9.1 に示すものがあった。

　しかしながら，原子力分野の縮退が進むと，環境分野あるいはエネルギー分野との統合により学科および専攻の維持・継続が図られた。また，工学部の大学科制に伴う分野の再編がおこなわれ，従来の原子力分野だけでなく，放射線科学を含めた分野へと展開した。特に，大学院大学への移行に伴う学部・大学院前期を合わせた 6 年一貫性のカリキュラム体系の

表 9.1　学部および大学院で履修した原子力化学分野講義 [1]

対象	講義名	
学　部	放射化学	物理化学
	核燃料工学第 1	無機及び分析化学
	核燃料工学第 2	応用量子化学
大学院	放射線化学	原子核工学実験
	放射線化学特論	核燃料化学特論
	核化学第 1 特論	核燃料冶金学特論
	核化学第 2 特論	核燃料工学特論

表 9.2　学部および大学院で履修できる原子力化学分野講義［2］

対象学生	講義名	
学　部	放射化学	反応速度論
	核燃料・核材料概論	核環境工学
大学院	エネルギーフロー環境工学	原子力化学工学

再編が実施され，学部における原子力関連講義の減少となってきている。その中でも，原子力化学関連講座や講義の減少は著しく，消滅しているところもある。単独で大学院の専攻を維持しているのは京大原子核工学専攻のみであり，従来の原子力分野の講座・講義体系とともに，福島原発事故対応を取り入れた対応も実施している。

　東北大学では学部大学院一貫性となった現在の講義体系（2022）では，表9.2のような体系になっている。学部生は機械知能・航空工学科量子サイエンスコース所属であるものの，1年終了時に機械系と環境・量子系に分属され，さらに3年次にエネルギー環境および量子サイエンスコースに分属される。このため，学生は機械系の共通科目および各コースの専門科目を履修することになる。大学院は量子エネルギー工学専攻単独となるものの，機械・知能系としてのカリキュラム体系が構築されており，共通科目も受講することになる。

　これらの講義体系を受けて実施される大学院博士課程前期（修士課程）の入学試験科目を比較してみると半世紀前は表9.3のようであった。数学，物理，化学に語学を加えた5つの基礎科目と9つの専門科目から4科目を選択して受験した。語学は英語，ドイツ語，フランス語，ロシア語から2科目選択であった。著者は英語と，当時英語での文献情報がなかったロシアからの情報を得るために推薦されたロシア語を受験した。

　これに対し，現在（2022年度）は表9.4のような試験科目となっている。量子エネルギー工学専攻単独の入試となっているものの，受験する学部生は機械知能・航空工学科量子サイエンスコース所属であり，同学科履修科目を前提とした受験科目と原子力分野を考慮した受験科目の構成に

表 9.3　原子核工学専攻の大学院入試科目の例

分類	科目名
基礎科目	数学，物理，化学，語学
専門科目	炉物理，炉工学，炉材料，核燃料工学，炉化学，計装工学，核融合工学

表 9.4　量子エネルギー工学専攻の大学院入試科目の例

分類		科目名
基礎科目		数学 A，数学 B，英語
専門科目	領域 I	流体力学，材料力学，機械材料学， 電磁気学，量子力学，化学基礎
	領域 II	放射化学，放射線工学，原子炉物理学

なっている。

　これまで刊行されてきた原子力化学に関する主な教科書や参考書を挙げると以下のようになる [3-12]。木村健二郎先生編著の原子力工学講座第 5 巻「ウランおよび原子炉材料ならびに放射化学」があり，日本原子力研究所編集原子炉工学講座第 4 巻「燃・材料」が続く。その後，「原子力工学シリーズ」（全 10 巻）では原子力化学関係分野として，「原子炉燃料」（菅野昌義著），「原子炉化学（上・下）」（内藤奎爾），「放射線化学」（田畑米穂）が発行されている。また，三島良積先生の「核燃料工学」がまとまった成書である。さらに，日本金属学会の「原子力材料」の中に核燃料としてまとめられている。"The Chemistry of the Actinide and transactinide Elements"（Springer, 2011）は総合的な専門書である。

　表 9.5 には名古屋大学の内藤奎爾先生がまとめられた「原子炉化学を構成する基本化学分野」を示す [6]。原子炉を構成材の材料化学や放射線損傷を扱う放射線化学，運転時に関わる高温化学，さらには，炉内核反応により生成する超ウラン元素を対象とするアクチノイド化学である。各分野がカバーする内容は表のとおりである。

　これ以降，核燃料化学に関する成書は発行されておらず，新書の必要性を感じていた。そこで，筆者らは核燃料の化学に関する教科書を出版

表9.5　原子炉化学を構成する基本化学分野 [6]

	分類	内容
(a)	高純材料の化学	原子炉級純度＝化学純度＋核的純度,
		低中性子吸収断面積元素や, 放射化物放射能低減, 同位体分離による高純度化
(b)	炉内放射線の化学	原子炉：中性子, α, β, γ, 核分裂片等高エネルギー放射線, 燃料, 材料：スウェリング等の放射線損傷, 放射線による反応促進と放射線腐食への対応
(c)	高温炉材料の化学	炉の高温化：熱効率向上に有効, 燃料−被覆管, 被覆材−冷却材等の高温における両立性, 放射線効果に対する温度の影響
(d)	アクチノイドの化学	U, Pu, Np, Am 等5f電子元素の放射化学, 核化学, アクチノイドの溶液化学と分離・精製や錯体生成, アクチノイドの固体化学と燃料の放射線および高温安定性

表9.6　原子力化学分野の講義

対象学生	講義名	
学　部	溶液化学	無機化学
	放射化学	化学熱力学
	核燃料工学	放射線化学
大学院	アクチノイド化学	プロセス化学
	エネルギー化学	核燃料サイクル工学

した [14-16]。「ウランの化学 (I) −基礎と応用−」,「同 (II) −実験と方法−」および「トリウム, プルトニウムおよびMAの化学」で3部作を構成している。最初の本では, 第1部基礎編第13章に「燃料デブリの生成と評価」を記載している [14]。今後の燃料デブリ研究を含めた原子力化学関係の講義科目としては表9.6のようなものが考えられる。1F事故以降, 大学においては原子力関係の学科や講座が減少している中で, 1F事故対応に関わるバックエンド化学や廃止措置に関する講座や講義, 実験が現れてきているのも, 人材育成へ向けた一つの傾向であると思われる。

9.2　研究施設

　燃料デブリに関わる研究を行うためには，核燃および RI を取り扱う施設が必要になる。該当施設については，著者らの「ウランの化学 (II)」[15] に紹介しているので，参考にされたい。燃料デブリは使用済核燃料に構造材料等が混在しているもので，使用済燃料よりは放射能量は低下するものの，全て非密封であり，燃料デブリそのものを取り出し，取扱う場合は，汚染評価や被ばく管理が重要となる。実デブリを扱う前に模擬デブリを用いた研究が可能であり，これまで，種々の研究例から 1 F のデブリに関する間接的な挙動評価が行われている。最近では，2022 年度中のデブリ取り出しに先行して，分析用の微量試料のサンプリングとそれに対応する分析手法の評価が進められている [16]。表 9.7 には燃料デブリに関わる研究を進めるに際に必要な核燃および RI の種類と取扱施設の例を示す。核燃料については g 単位で計量管理することが多く，g オーダーで使用する。K 施設および大部分の J 施設ではウランが使用できるが，Pu の研究には J 施設が必要となる。一方，RI 等規制法により使用する RI は使用量としては極微量なので，物量管理は難しく，放射能量（Bq）あるいは放射能濃度（Bq/l）で管理することとなり，使用済核燃料には，核燃料 (U, Pu) 量と合わせて，放射能量により制限が決められている。また，核

表 9.7　燃料デブリ研究に関わる核燃および RI と取扱施設

核燃および RI		核燃施設			RI 施設	
		J		K	α	β/γ
		令 41 条該当	令 41 条非該当			
U		○		○		
U, Pu	（Pu＜1g）		○			
	（Pu≧1g）	○				
MA					○	
FP					○	○
使用済核燃料	＜3.7TBq		○			
	≧3.7TBq	○				

表 9.8　燃料デブリ研究と核燃および RI

研究項目	核燃			RI	
	U	Pu	SF*	MA	FP
事故進展 高温反応	○	○			○
経年変化 溶出挙動	○	○	○	○	○
状態評価 分析評価	○	○		○	○

*Spent fuel（使用済燃料）

　燃および RI 両方を含む燃料デブリの基盤研究には，両者が取り扱える研究施設が有用であるものの，近年，大学等におけるこれらの施設の減少が著しく，デブリ研究実施を難しくしている［17］。

　表 9.8 には燃料デブリの化学に関する主な研究項目と研究実施に必要な核燃および RI の例を示す。冷温停止後の事故進展は炉心における燃料および構造材の高温反応が主であり，生成した燃料デブリの相関係や組成などを評価するため，マクロ量の燃料成分である U や Pu が必要となる。また，Cs など一部の FP 元素の揮発による汚染評価のために，FP 元素の高温反応も必要となる。事故後 10 年以上が経過して，燃料デブリの取り出しが予定されているが，この場合，デブリの経年による相変化や含有する MA や FP など放射性物質の溶出挙動が重要となる。特に主成分である U 酸化物の状態変化による MA や RI の溶出は汚染水処理に影響を及ぼす。MA や FP を添加した UO_2-ZrO_2 系の模擬デブリによる溶出挙動評価がまず必要である。一方，使用済核燃料を用いた模擬デブリの調製とそれによる経年変化が実施できれば，より実際に即した情報を得られ，重要である。使用済核燃料については JAEA 原科研に軽水炉燃料が，また，JAEA 大洗研究所には高速炉「もんじゅ」の燃料が保管されており，実試験に提供できる状態にある。実際，実デブリへの対応には Pu を用いた実験研究が不可欠である。さらに，分析用の試験サンプリングでは微量の実デブリ試料を採取して，幾つかの指定研究機関で予備評価を行っている

[18]。一方で，組成，形態評価を行った模擬デブリを標準物質として分析担当の研究機関へ供給し，分析に関わるデータの精度，均一性の評価を行っている [19]。分析評価に際しては，放射能測定が不可欠であり，本書，第5章を参照されたい。

9.3　研究体制と人材育成

9.3.1　研究体制

　ここでは，燃料デブリに関する研究を実施する体制について述べる。教育体制や施設関係から，大学では基礎・基盤研究，JAEA などでは応用・事業型研究に分けられるが，JAEA 内でも原科研は基礎・基盤型に，核燃料サイクル工学研究所は応用・実用型に分類できる。

　大学に所属する筆者の場合，被災地でもあったので，事故直後は日々の生活を確保するとともに，RI 取扱施設の安全管理に努めた。暫くして，既存施設を利用して 1F 事故に関わる課題について自前研究を開始した。それらを表9.9に示す。ゼオライトによる汚染水処理に関わる基礎実験を展開した。そのほか，Cs や Mo など FP 元素の揮発挙動解明や燃料デブリ酸化物の状態評価研究を展開した。外部研究費ではなく，自前の基礎実験により，必要な基礎的知見を得，検討できる。迅速かつ臨機応変

表9.9　1F事故に関連した自主研究の例

	題目	内容	備考
①	ゼオライトによる放射性核種の吸着	海水等での放射性 Cs, Sr, I のゼオライトへの吸着特性	2011.3 − 8
②	FP 元素の揮発挙動評価	TG-DTA 法により Cs や Mo 等 FP 元素の揮発挙動を評価	2011.4 − 2011.12
③	UO_2-ZrO_2 の高温反応挙動の評価	UO_2-ZrO_2 の高温反応における温度や酸素分圧の影響を評価	2011.8 − 2012.3
④	河川への放射性 Cs の移行挙動評価	浜通りの河川中の放射性 Cs を調査し，実験により吸着・脱離機構を解明	2014 − 2016
⑤	水耕栽培試験による Cs 移行挙動評価	現地での水耕栽培試験により，稲（穂，玄米等）への放射性 Cs の移行挙動を評価	2012 −現在

表9.10 外部研究費による燃料デブリ研究の例

	研究題目	実施機関	期間	研究費
①	福島原発事故で発生した廃棄物の合理的な処理・処分システム構築に向けた基盤研究	東工大，北大，東北大，長岡技科大，京大，九大	H24 ～ H27	科学研究費基盤研究（S）
②	メカノケミカル法を用いたデブリ燃料処理法の基礎研究	東北大	H24 − 25	科学研究費挑戦的萌芽研究
③	MCCIデブリからのアクチノイド溶出機構および処理プロセスに関する基盤研究	京大，東北大，JAEA	H28 ～ H31	科学研究費基盤研究（A）
④	合金相を含む燃料デブリの安定性評価のための基盤研究	東北大，JAEA，京大	H30 ～ R02	英知を結集した原子力科学技術・人材育成推進事業

に対応できる特徴がある。

　一方で外部研究者とともに外部研究費を獲得して，燃料デブリに関わる研究を展開した。表9.10には，筆者の関係した外部研究費による燃料デブリ研究の例を示す。参加機関や研究者数，実施期間により予算規模は異なる。基盤研究（S）では1.5億円／4年，基盤研究（A）では3千5百万円／3年，萌芽研究では400百万円／2年，英知事業では1億円／3年であった。上記の自前研究でUO$_2$-ZrO$_2$混合系の高温反応挙動を調べており，①の科研費（S）では，酸化物やMCCIデブリなど燃料デブリ全体の固相評価研究の実施へ発展した。ここでは，1F事故における固相および液相を取り上げ，評価，処理，処分の観点から基盤研究を実施した。②では酸化物デブリ処理についての評価である。③ではMCCIデブリを取り上げ，状態評価やFP，MAの溶出挙動を評価し，さらに④では，合金デブリ（酸化物相と合金相の混合）を取り上げ，一連の研究から炉内におけるデブリの状態，FPおよびMAの挙動に関して最小から最大といった幅を持たせた評価を実施した。

9.3.2　人材育成

　人材育成に関する国の関与として，まず，原子力委員会では「原子力利用に関する基本的考え方」(2017年7月原子力委員会決定，政府として尊重する旨閣議決定)[20]において，「大学における原子力分野の教育が希薄化しているため，原子力分野の基幹科目を充実させるとともに，学んだ知識について基礎実習や実験等を通して体系的に習得し実践的能力を付けさせるなど，基礎力をしっかりと育てることも重要である」を提言している。また，「原子力分野における人材育成について（見解)」(2018年2月原子力委員会決定)[21]では，高等教育段階における人材育成について，優秀な人材の獲得の必要性とともに，「基礎を体得した人材を育成することは大学教育の重要な役割である」，「大学教育はアウトプットとしての学生の質に重点をおいた教育を目指す必要がある」，「実験の実施については大学の研究設備の老朽化が進んでおり，抜本的な対策が必要である」，「学生は演習や実験，更には卒業論文や修士論文，博士論文の作成によって学んだ知識を体得する」と述べている。これらを受けて，大学の好事例として

・学部から修士までの一貫教育の実施や連携強化，学部生の原子力分野への関心の喚起
・原子力分野の教員と放射線分野の教員との教育面における連携強化
・教育認証による教育改善
・競争的資金等を活用した実験設備の更新・充実
を挙げている。

　一方で以下のような課題も示している。
・教育の質の向上（教員と社会の意識転換の必要性）
・原子力関係の研究・教育の国際的なプレゼンスの向上
・教員数の削減が進む中での原子力教育の維持，若手教員の確保
・実験実習設備（核燃料・RI 施設等）の老朽化による維持困難性の増大への対応，技術職員の定員削減対策

・学外の実験施設の停止・廃止に伴う教育研究機会の喪失
・学部の大くくり化による原子力系の科目の教育・実験等の希薄化
・学生間における原子力分野に対する人気の低下
・企業による短期セミナーやインターンシップの増加等による学生の研究時間の減少
・外部資金の支援を受けた教育プログラムの継続性

　これまで1F廃炉への対応が数十年にわたり，次世代の人材育成が必要不可欠なため，種々の人材育成プログラムが実施されてきた。それらの例を表9.11に示す。

　文科省のプログラムでは，未来社会に向けた先進的原子力教育コンソーシアム（Advanced Nuclear Education Consortium for the Future Society：ANEC）に参加するプログラムがあり，北大が代表を務める事業では機関連携強化による未来社会に向けた新たな原子力教育拠点の構築を目的として複数の大学が参加し，講義や実習，見学などを実施している。ここでは，工学研究院に専任教員のいる原子力安全先端研究・教育センターを設置し，オープン教育センターと協力して，連携機関教員による原子力分野の講義をビデオ収録，公開している。実際，筆者の一人も「核燃料の化

表9.11　関係機関による原子力人材育成プログラムの例

	事業名	担当	対象	費用，期間
①	原子力人材育成ネットワーク	福井大，東大，原子力産業協会，JAEA，文科省，経産省	大学	1000万円/年 7年間
②	原子力規制人材育成事業	規制庁	大学	2000万円/年 5年間
③	国際原子力人材育成イニシアチブ事業	文科省	大学 高専	1500万円/年 5年間
④	英知を結集した原子力科学技術・人材育成推進事業	NDF JAEA-CLADS	大学 高専	課題解決型 3000万円/年 3年間

学」として 10 回分の講義を収録した。大部分のプログラムでは，座学や見学，講演会が主となっている。一方，福島の現場に対応できる人材が求められており，燃料デブリ研究や廃炉対応に適応した実践的なものも必要である。

東北大原子炉廃止措置基盤研究センターでは，人材育成事業の中で「原子炉廃止措置工学概論 / 特論」を 2017 年より工学研究科の講義として開設，実施している。廃止措置全般にわたる 18 の講義を 3 日間で集中して受講するが，燃料デブリに関しては，JAEA の研究者や大学教員により，「燃料の固体化学と燃料デブリの基礎」，「1 F デブリの概況について」，「燃料デブリの特性把握と処置」，「燃料デブリの分析について」，「放射性廃棄物の管理・処分」の講義が実施されている。

また，土木関係の教員により「廃炉地盤工学」が実施されている［22］が，コンクリートに係る工学や放射線測定，遮蔽，廃棄物埋設に係る講義を含むものの，ウランを含む MCCI デブリを扱うには至っていない。

一方，東北大多元研では RI や核燃料を実際に取り扱う文部科学省人材育成プログラム「フロントエンドおよびバックエンドにおけるウラン化学の実験的理解」（2008）を開発し，さらに外国人も対象としたグローバル人材育成プログラムへ発展させた［23］。同プログラムでは，最初にウランの溶液化学および固体化学に関する講義（1 日）を受講した後，表 9.12 に示す実験プログラムを，例えば 4〜6 人の班に分かれ，それぞれ（1）お

表 9.12　グローバル人材育成プログラム「原子燃料サイクルにおけるウランの溶液および固体化学の実験的理解」の内容 ［23］

Field\Exp.	Solid state chemistry	Solution chemistry
(1)	・Dissolution of U_3O_8 by HNO_3 ・Recovery of U_3O_8 via ADU ・Phase analysis of UO_2 by XRD	・Pre-equilibrium of org. sol. ・Extraction of U to org. phase ・Evaluation of distribution
(2)	・Hydrogen reduction of U_3O_8 ・Phase analysis of UO_2 by XRD ・Lattice parameter evaluation	・α ray measurement of U ・γ ray measurement of 85 Sr ・Sampling for measurements

表 9.13　燃料デブリに関わる実験化学講座の例

	項目	内容
(1)	ウランの溶解・沈殿分離	U_3O_8 を硝酸に溶解後，アンモニアを添加して生成した ADU 沈殿をろ過により分離後，空気中 800℃で加熱し，U_3O_8 として回収する。U_3O_8 の相関係や回収率を調べ，実験作業との関係を検討する。
(2)	ウランの酸化・還元実験	酸化あるいは還元雰囲気における UO_2 あるいは U_3O_8 の TG-DTA を測定し，UO_2 の酸化あるいは U_3O_8 の還元挙動を調べる。
(3)	ウラン（鉱石）の放射線計測	ウラン酸化物あるいは鉱石について α 線スペクトルおよび γ 線スペクトルを測定し，放射線の同定ならびに，校正による放射能量を求める。
(4)	UO_2-ZrO_2 擬二元系の高温反応実験	UO_2-ZrO_2 擬二元系混合物を高温で反応させ，XRD により相関係を解析し，格子定数を求める。また，状態図を調べ，反応温度，雰囲気の影響を検討する。
(5)	アクチノイド化学実験	所定の放射能量を含む U, Np, Am 等について所定の放射能量を含む溶液を調製し，α 線スペクトルを測定し，評価する。

および（2）の項目を 3 日間実施する。最後に班ごとの報告と質疑応答を行い，評価する。

　これまでの経緯をまとめ，燃料デブリに関わる実験化学講座の例を　表 9.13 に示す。ここでは，基礎実験としてウランの溶解・沈殿分離など溶液化学や，ウラン酸化物の酸化・還元や高温反応といった固体化学，さらに，放射性物質の基本となる放射線計測と放射能評価に関する内容を取り込んでいる。応用実験として燃料デブリを想定した高温反応実験や MA 含有試料の取扱を含んでいる。

　東京工業大学では，2016 年の教育改革により大学院に原子核コースを設置し，複数の学部から受け入れられるようにした [24]。修士課程の科目体系では，原子炉廃止措置群を設け，核燃料サイクル工学科目群には核燃料デブリ実験 A・B を開講している。これに関連して，文科省事業「廃止措置工学高度人材育成と基盤研究の深化」（2014-2018）を実施し，デブリ材料工学やデブリ化学に関する人材育成を謳っている。特に「デブ

表9.14　核燃料デブリ・バックエンド工学実験の例

回	授業計画	課題
1	放射線業務従事のための基礎	管理区域内入退室の基本，放射性同位元素及び核燃料物質の取扱の基本について学ぶ。
2	RI及び核燃料物質の化学分析に関する基礎	放射性同位元素及び核燃料物質の化学分析法の取扱い及びスミア測定を行う。
3	RI及び核燃料物質の固液分離	放射性同位元素及び核燃料物質の固液分離試験及び解析を行う。
4	RI及び核燃料物質の溶媒抽出実験	放射性同位元素及び核燃料物質の溶媒抽出実験を行う。
5	RI及び核燃料物質の抽出効率の解析，評価	分光測定等による抽出効率の解析，評価を行う。
6	ウラン等の酸化物の調整及び溶解試験	ウラン等の酸化物調整及び溶解試験を行う。
7	ウラン等の酸化物の解析，評価	X線回折装置等によるウラン酸化物等の解析，評価を行う。

リ化学に関する人材育成」では，核燃料サイクル工学科目群で核燃料デブリ・バックエンド工学実験を英語で開講している。核燃料デブリ・バックエンド工学実験の例を表9.14に示す。全7回の実習・実験からなり，ホットラボを使用してウランの精製・転換・再転換としてウラン溶液からの沈殿・焼成によるウラン酸化物生成・XRDによる相解析を実施し，ウランの固体および液体試料を扱う実験を取り入れている。これは上記表9.13に示した燃料デブリに関わる実験化学講座の①，②に該当している。

　最後に，1F廃炉を進めている原子力損害賠償・廃炉機構の「東京電力ホールディングス㈱福島第一原子力発電所廃炉のための技術戦略プラン2022」では，1Fの特殊環境下での廃炉推進に向けた技術リーダーの育成を取り上げている [25]。対象職種には化学，分析が含まれ，特に高度な専門知識を要する技術分野にアクチノイド化学，分析評価を挙げている。分析要員の育成，確保は急務とし，OJTによるトレーニングをすでに開始している。また，分析作業を管理する分析管理者の育成，分析技術・分析計画を行う分析技術者の必要性を，さらには廃炉工程の中での分析作業を位置づける分析評価者といった階層的な人材育成も検討している。

また，次世代人材育成に関しては，「近年，原子力に係る学部・学科の改組等により，高等教育機関における原子力人材育成機能が脆弱化しつつあるとことを認識し，国全体として当該分野の人材育成機能の維持・充実の必要性を指摘している。特に，「1F廃炉が世界にも例のない極めて高度な技術的挑戦である。」という魅力を発信し，若手研究者・技術者が廃炉を含む原子力分野で活躍するための多様なキャリアパスの構築し，高等う教育機関からの安定した輩出が根本的であるとしている。燃料デブリ分野に限ればさらに厳しい状況にあると言わざるを得ず，取出しが具体的になっている今こを該当分野の教員・学生の育成・排出が喫緊の課題である。

　一方，東京電力ホールディングス㈱では，転任者の教育・訓練に関して廃炉コア技術講座としてJAEAの人材育成研修センター「1Fの廃炉に関する人材育成研修」の受講を実施している。[26] 同研修は1Fの廃炉作業に従事する技術者又は今後従事する予定の企業の技術者及び大学等に所属する研究者（教授などを含む）等に向けた専門性の高い研修とし，事故当時の状況，現在の原子炉の状態，国等の廃炉戦略，東京電力の廃炉計画，海外の事故事例を確認し，燃料デブリの性状，ロボット遠隔技術，放射性物質の取扱いなどの基礎技術を学ぶ。燃料デブリに関してはJAEA講師による「燃料デブリ取出し時の臨界管理技術」や「燃料デブリの性状」，「燃料デブリ，破損燃料等α放射性物質の取扱い」の講義（55分）がある。当該講座は1Fに関する規制庁の検査においても「その他の保安活動」の教育・訓練として確認されている。ちなみに，同センターのプログラムには，原子炉や放射線に関する講義，実習があり，特に，原子力系大学院の講義・実験・実習の他，共同原子力専攻や大学ネットワーク連携の講義等も実施している。これらのことは，本来各大学での実施が難しく，大学の教育研究体制がこの分野へ取組めないことを示しており，ましてや燃料デブリに関する講義，実験への対応は限定されると思われる。

9.4　分析に関わる人材育成

JAEA では，分析に関わる人材育成について種々の検討を行ってきた。ここでは，あり方，体制，必要事項，カリキュラム等を紹介する。ここでは，多くのデータを適時的に取得するという組織として行ういわゆるルーチンでの分析についてその分析を実施する技術者についての人材について述べる。

分析業務に当たる技術者には，分析の目的を把握し適切に分析方法を指示し，分析結果を評価する「分析評価者」と，現場で実際に分析に従事する「分析作業者と分析作業管理者（以降，分析作業管理者も含めて"分析作業者"とする）」とがある。当人らが有する専門的知識，技能，経験等に基づいて，適切な部署に配置される。図9.1に分析技術者の定義およびその役割を示した。

基本的に，1Fの廃炉に係るデブリの分析業務は，その廃炉プロジェクトの進展状況に合わせて，その時々に廃炉作業側からの要求に応える形で進められ，その廃炉作業は，プロジェクトの全体を俯瞰しながら進められるものと考えられる。

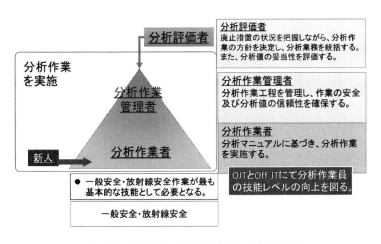

図9.1　分析研究・技術者の定義，体制，役割

分析評価者は，廃炉に係る分析業務全体を監督する者として，廃炉作業の全体を俯瞰しつつ，的確に分析要求に対応することが必要である。さらに分析評価者は，分析の目的（例えば，事故解析や核物質の管理といった観点など）を明らかにしたうえで，その分析目的に適合した分析計画を策定する必要がある。また，計画を策定する際には，分析目的をさらにブレークダウンして，分析データへの要求事項（試料の特性，目的核種，感度，精度など）を明確にした上で，これを満足する分析方法を選定し，最終的にはマニュアル化する必要がある。

　分析作業者は，分析の現場で，分析計画に基づき，要求事項を理解しつつそれを満たすよう，分析作業管理者の監督のもと，分析マニュアルに沿って分析を実施する。

　分析評価者は，分析で得られた結果について，正しく分析がなされているか，分析結果が要求される仕様を満たしているかなどを評価する必要がある。

　上記のようにして得られた分析結果が，専門的な評価を加えた形で分析の依頼側（廃炉プロジェクト実施側）に報告されることとなる。

　上記の分析作業の各段階において，分析計画の立案，結果の評価を担当する者（分析評価者）と実際の分析作業を担当する者（分析作業者及び分析作業管理者）とが従事することとなる。分析評価者と分析作業者には，それぞれ異なった能力が要求されるが，分析に関する基礎的な内容としては，どの段階の技術者も理解しておく必要がある。

　分析作業にかかる人材の育成については，座学などを中心とした「知識の習得」を目的としたものと，実際の作業を行うことにより技能面の習得を目的とした OJT 教育に大きく分けられる。これらのカリキュラムの例を表 9.15 にまとめた。

　デブリの分析においては，特に放射性物質や核物質を取り扱うことから，一般安全と放射線安全に関し理解し汚染時などの対応について迅速かつ慎重に対応できるようにすることが重要である。また，分析値を以下に信頼性あるものにするのかという点も重要であり，そのための品質管理

表9.15　分析に関わる教育カリキュラムの例

研修項目		概要
項目	形態	
1. 非常時の場合に採るべき処置	座学	放射性物質及び核物質を分析するため非常時には迅速かつ慎重な処置をあらかじめ理解し訓練を行う。
	実習	
2. 分析に係る品質管理	座学	分析値について，信頼性のある分析値を得るための品質管理について理解する。
3. 設備機器の取扱い・保守管理		
①分析設備	実習	放射性物質や核物質を含む廃液や，換気系統などの設備の取扱い保守管理を行う。
②遠隔操作機器	実習	遮蔽セルやグローブボックス内での分析作業の訓練を行う。
4. 理論・原理の理解		
①分析化学概論	座学	分析に必要となる化学的な基礎について理解する
②機器分析概論	座学	分析で使用する機器分析装置について理解する。
5. 分析操作に係る技術訓練		
①化学分析操作	実習	主に湿式での分析のための化学分離について実習を行う。
②分析機器の取扱い	実習	分析で使用する機器分析装置について装置への導入・結果の評価について実習を行う。
③実試料を用いた分析訓練	実習	実試料を用いて試料の採取から分析結果の評価までの一連の作業について実習を行う。

ついてのも理解し適切に管理していくことが重要となる。これらの基本的な考え方や技能をベースにして，適切なタイミングで信頼性のある分析値を提供できるように常に心掛けることが重要であると考えられる。

[参考文献]
[1] 東北大学工学部学生便覧（1977），東北大学大学院工学研究科学生便覧（1979）
[2] 令和6年度東北大学大学院工学研究科博士課程前期2年の課程募集要項（2023）
[3] 無機化学講座第17巻「放射性元素」，17-1ウラン，奥野久輝，木越邦彦，中西正城丸著，丸善，（1953）

[4] 原子力工学講座5巻「ウランおよび原子炉材料ならびに放射化学」, 木村健二郎編著, 共立出版, (1956)

[5] "The Chemistry of Uranium Including Its Applications in Nuclear Technology", E. H. P. Cordfunke, Elsevier Publishing Company, (1969)

[6] 原子炉工学講座第4巻「燃・材料」, 第IX編　原子炉燃料, 武谷清昭, 栗原正義, 菊池武雄, 古川和男, 青地哲男, 下川純一著, 培風館, (1972)

[7] 原子力工学シリーズ第2巻「原子炉燃料」, 菅野昌義著, 東京大学出版会, (1976)

[8] 原子力工学シリーズ第3巻「原子炉化学」(上), 内藤奎爾著, 東京大学出版会, (1978)

[9] 「核燃料工学」第4版, 三島良積, 同文書院, (1982)

[10] 講座・現代の金属学　材料編8「原子力材料」, 第4章 核燃料, 古屋広高著, 日本金属学会, (1989)

[11] "Handbook of Extractive Metallurgy", Vol.III, Part 9, Radioactive Metals, Chap. 41 Uranium, Fathi Habashi, Wiley-VCH, (1997)

[12] "The Chemistry of the Actinide and Transactinide Elements", Fourth ed., Vol.1-6, (Eds., L. R. Morss, N. M. Edelstein, J. Fujer), Springer, (2011)

[13] M. Kurata, M. Osaka, D. Jacquemain, M. Barrachin, T. Haste, "Advances in fuel chemistry during severe accident", in Advances in Nuclear Fuel Chemistry, (Ed., M.H.A. Piro), Chap. 14, Elsevier Ltd., (2020)

[14] 「ウランの化学(I) -基礎と応用-」, 佐藤修彰, 桐島　陽, 渡邉雅之著, 東北大学出版会, (2020)

[15] 「ウランの化学(II) -方法と実践-」, 佐藤修彰著, 桐島　陽, 渡邉雅之, 佐々木隆之, 上原章寛, 武田志乃著, 東北大学出版会, (2021)

[16] 「トリウム, プルトニウムおよびMAの化学」, 佐藤修彰, 桐島　陽, 渡邉雅之, 佐々木隆之, 上原章寛, 武田志乃, 北辻章浩, 音部治幹, 小林大志著, 東北大学出版会, (2022)

[17] 燃料デブリ等研究戦略検討作業部会, 「東京電力ホールディングス㈱福島第一原子力発電所燃料デブリ等分析について」, JAEA - Review 2020-004, (2020)

[18] JAEA, 「廃炉・汚染水対策事業(燃料デブリの分析精度の向上 及び熱挙動の推定のための技術開発)」, (2021)

[19] 「大学等核燃およびRI研究施設の課題と提言」, 日本原子力学会アゴラ調査専門委員会大学等核燃およびRI研究施設検討・提言分科会, 日本原子力学会誌, 64 (2022) 110-114.

[20] 「原子力利用に関する基本的考え方」, 原子力委員会, (2017)

[21] 「原子力白書」, 原子力委員会, (2020)

[22] 小峰秀雄, 後藤　茂, 鈴木　誠, 菱岡宗介, 渡邉保貴, 東畑侑生, 土木学会論文集H(教育), 75 (2019) 10-19.

[23] 佐藤修彰, 大槻　勤, 桐島　陽, 朴　光憲, 「ウランの溶液および固体化学実験プログラムの開発とグローバル人材育成の試み」, 放射化学ニュース, 23 (2011) 13-17.

[24] 小原　徹, 「東京工業大学における原子力教育」, 第2回原子力委員会資料,

（2020）

［25］原子力損害賠償・廃炉等支援機構，「東京電力ホールディングス㈱福島第一原子力
　　発電所廃炉のための技術戦略プラン 2022, （2022）

［26］「廃炉人材育成センターの活動（令和 2 年度)」，JAEA-Review, 2022 -024, （2022）

跋　文

　本書では，1Fの原子炉過酷事故において発生する燃料デブリの化学に関して現状を紹介した。1Fからの実デブリの取り出しは来年以降に延期されたが，分析用試料による結果や模擬デブリを用いた試験によりデブリの状態にある程度の評価が得られてきている。また，大熊分析・研究センター第1棟竣工や第2棟の建設計画策定，分析要員の育成など燃料デブリ取出しに向けた対応が進みつつある。一方で，取出し工法やデブリ保管方法などサイトにおいて直面する課題も多い。さらに次世代にまたがる人材育成が必要不可欠の中で，大学や研究機関における教員・学生の減少，学科・研究室の廃止など原子力離れの傾向がある。このような中で，大学等においては核燃やRI研究施設の維持が喫緊の課題であり，学内における統廃合や全国規模での研究施設拠点化等の検討も始まっている。一方，実デブリへの対応についてはJAEA等の拠点におけるPuを用いる実験研究が不可欠であり，それらの検討・実施を期待したい。

　1Fでは今後数10年かけて燃料デブリを取り出し，保管・処理・処分により廃止措置を目指すことになる。NDFの技術戦略プラン2022では，1Fの主要なリスク源として燃料デブリの他，使用済燃料，汚染水，水処理二次廃棄物，ガレキ等を取り上げている。水処理二次廃棄物には，吸着塔や，ALPSスラリー，除染装置スラッジが含まれている。これらには本書でも指摘してきたデブリ関連成分が炉外へ移行したものととらえることができる。燃料デブリや二次廃棄物は保管することになるが，保管後のシナリオがまだ明らかではない。複雑な形態，組成をもつ燃料デブリの状態評価とその後の対応について方針を決め，実施できる人材，施設，体制の確保が今後の燃料デブリ対応や廃止措置に重要である。本書の内容が世代を越えて適宜更新され，燃料デブリの処理・処分に生かされていくことを願う。

【著者略歴】

佐藤修彰：

　1982 年 3 月東北大学大学院工学研究科博士課程修了，工学博士，東北大学選鉱製錬研究所，素材工学研究所，多元物質科学研究所を経て，現在，東北大学原子炉廃止措置基盤研究センター客員教授。専門分野：原子力化学，核燃料工学，金属生産工学

桐島　陽：

　2004 年 3 月東北大学大学院工学研究科博士課程修了，博士（工学），日本原子力研究所を経て，現在，東北大学・多元物質科学研究所・金属資源プロセス研究センター・エネルギー資源プロセス研究分野教授，専門分野：放射性廃棄物の処理・処分，放射化学，アクチノイド溶液化学

佐々木隆之：

　1997 年 3 月京都大学大学院理学研究科化学専攻博士後期課程研究指導認定退学，博士（理学），日本原子力研究所，京都大学原子炉実験所を経て，現在，京都大学大学院・工学研究科・原子核工学専攻教授，専門分野：バックエンド工学，放射化学，アクチノイド化学

高野公秀：

　1996 年 3 月北海道大学大学院工学研究科修士課程修了，博士（工学），旧日本原子力研究所及び日本原子力研究開発機構にて核燃料の研究開発に従事，現在，同機構原子力基礎工学研究センター燃料・材料工学ディビジョン長，専門分野：核燃料工学，熱物性，超ウラン元素化合物

熊谷友多：

　2011年3月東京大学大学院工学系研究科博士課程修了．博士（工学），現在，日本原子力研究開発機構原子力基礎工学研究センター研究主幹，専門分野：原子力化学，放射線化学

佐藤宗一：

　1987年3月慶應義塾大学大学院理工学研究科応用化学専攻，修士課程修了，2008年11月福井工業大学，博士（工学）日本原子力研究開発機構，核燃料サイクル工学研究所を経て，現在，日本原子力研究開発機構，大熊分析・研究センター　副センター長，専門分野：分析化学，化学工学

田中康介：

　2011年9月大阪大学大学院工学研究科環境・エネルギー工学専攻，博士後期課程修了，博士（工学），日本原子力研究開発機構大洗研究所を経て，現在，日本原子力研究開発機構　大熊分析・研究センター分析部次長（兼）廃炉環境国際共同研究センター燃料デブリ研究ディビジョン副ディビジョン長，専門分野：核燃料工学

索　引

※頻出項目は主な該当ページのみにとどめている。

燃料デブリ化学の現在地

Current Location of Fuel Debris Chemistry

© Nobuaki Sato, Akira Kirishima, Takayuki Sasaki,
Masahide Takano, Yuta Kumagai, Soichi Sato,
Kosuke Tanaka 2023

2023 年 11 月 6 日　初版第 1 刷発行

著　者　　佐藤修彰・桐島　陽・佐々木隆之
　　　　　高野公秀・熊谷友多・佐藤宗一
　　　　　田中康介
発行者　　関内　隆
発行所　　東北大学出版会
　　　　　〒 980-8577　仙台市青葉区片平 2-1-1
　　　　　Tel. 022-214-2777　Fax. 022-214-2778
　　　　　https://www.tups.jp　E.mail info@tups.jp

印　刷　　カガワ印刷株式会社
　　　　　〒 980-0821　仙台市青葉区春日町 1-11
　　　　　Tel. 022-262-5551

ISBN978-4-86163-390-4　C3058
定価はカバーに表示してあります。
乱丁、落丁はおとりかえします。